KB161211

일본 최고의 일식 레스토랑 '와케토쿠야마'의 레시피와 노하우

# 완전판 레시피: 일식의 기본

노자키 히로미쓰 지음 | 김경은 옮김

한스미디어

# 요리의 '왜?'를 알면 요리 과정이 간단하고 즐거워집니다

"가정에서 음식을 만들어보세요. 정말 즐겁답니다." 제가 요리 강좌에서 항상 하는 말입니다. 요즘 주방에는 가스레인지나 전자레인지, 전기포트 등 각종 요리도구가 많습니다. 마트에 가면 다양하고 신선한 식재료를 살 수 있습니다. 요리하기 편한 환경이 갖춰져 있다고 할 수 있습니다. 주방은 노는 공간입니다. 기분에 따라 좋아하는 음식을 만들고 자기 나름대로 플레이팅을 연구할 수 있습니다. 그렇게 해서 식탁에 내놓았는데 가족들이 맛있게 먹는다면? 그 이상의 즐거움은 어디에도 없을 겁니다.

집밥에는 음식점에서 낼 수 없는 맛이 있다는 사실을 기억하세요. 미리 준비해두지 않아도 됩니다. 껍질을 벗기고 썰어서 익히기만 하면 됩니다. 처음부터 차근차근 요리하면 재료 고유의 풍미를 살릴 수 있습니다. 바로 만들어낸 그 맛은 집밥에서만 느낄 수 있습니다.

혹시 어려울까 봐 주저하고 있나요? 걱정하지 마세요. 제 요리는 특별한 조미료를 쓰지 않습니다. 심지어 종류도 많지 않습니다. 가열 시간도 짧아서 순식간에 완성할 수 있습니다. 요리 초보자는 물론 초등학생도 맛있게 만들 수 있을 정도랍니다. 하지만 요리할 때 '왜 이렇게 하지?'라고 이유를 생각해보기 바랍니다. 손이 덜 가는 만큼 과정 하나하나에 의미가 담겨 있습니다. 간을 맞출 때도 법칙이 있어서 비율만 기억해두면 언제든 맛있게 만들 수 있습니다. 이 책은 요리의 '왜?'라는 이유를 이해하기 쉽게 설명하고, 누구든 실패 없이 맛있는 음식을 만들 수 있기를 바라는 마음에서 만들었습니다. 이 책을 잘 활용해서 식탁을 풍성하게 만들어보세요. 그러면 건강으로도 이어질 겁니다.

와케토쿠야마 총주방장

노자키 히로미쓰

# 차례



제 1 장

## 구이와 튀김



제 2 장

## 조림

제 3 장

## 전채요리와 곁들임 반찬



제 4 장

## 밥과 국

노자키 셰프의 기본 레슨

# 맛있는 요리를 만드는 6가지 비결

일본인의 식탁에 매일 올라오는 기본 식사를 '일식'이라고 합니다. 저는 독자들이 일식을 쉽게 이해하고 일상생활에 활용하기를 바라는 마음에서 포인트만 모아 '기본 레슨'에 정리했습니다. 어렵지 않습니다. 아주 간단합니다. 음식을 즐겁게 만들고 맛있게 먹기만 하면 됩니다. 그러면 건강으로도 이어진다고 생각합니다.

**윤기 나는 갓 지은 흰쌀밥**(➡ p.8)
**육수를 쓰지 않고 된장의 풍미를 살린 무 유부 된장국**(➡ p.13)

# 1 일식의 기본은 밥과 국

1국 3찬이 기본이라고 하지만 윤기 나는 밥과 맛있는 국만 있으면 뱃속이 든든하고 마음도 편안해집니다. 그래서 저는 일식의 기본인 밥과 국을 제대로 만드는 것이 가장 중요하다고 생각합니다. 밥의 기본은 흰쌀밥입니다. 쌀에는 간이 되어 있지 않아 간이 밴 반찬과 함께 먹습니다. 반면 초밥이나 다키코미밥은 그 자체에 간이 되어 있어 반찬과 어울리지는 않습니다. 메뉴를 짤 때도 **흰쌀밥에는 감칠맛이 풍부한 된장국**을 곁들이고, 초밥이나 다키코미밥처럼 **간을 한 밥에는 육수의 감칠맛으로 깔끔하게 먹을 수 있는 맑은국**을 조합합니다. 입안에서 맛의 균형이 잡혀야 맛있는 법이니까요.

**부재료까지 맛있게 먹을 수 있는 다키코미밥**(➡ p.14)
**육수의 감칠맛을 살린 일본식 어묵국**(➡ p.13)

# 2 밥 짓는 요령

쌀이 한 톨 한 톨 살아 있고 반질반질 윤나는 흰쌀밥. 맛있게 지은 밥은 단연코 최고의 요리입니다. 지금부터 그런 밥을 짓는 비법을 소개합니다. **쌀은 '마른 식품'**입니다. 그래서 가열하기 전에 물에 불리는 과정을 거쳐야 합니다. 물에 15분 정도 불렸다가 체에 밭쳐 15분 정도 둡니다. 이 작업만 해도 밥맛이 달라집니다. 불린 쌀로 전기밥솥에 밥을 지을 때는 반드시 쾌속 모드로 설정해야 합니다. 일반 모드로 하면 쌀이 물에 오래 담기게 되어 밥이 질어집니다.

뚝배기밥은 **'7·7·7·5·5'라는 가열 시간을 기억해두세요.** 열전도가 느린 뚝배기를 중간 불에 올려 끓을 때까지 7분, 그 후 끓는 상태로 7분, 약한 불로 줄여서 7분, 아주 약한 불에서 5분, 불을 끄고 뜸 들이기까지 5분입니다. 쌀은 어떤 방법으로 짓든 98℃ 이상에서 20분 가열해야 밥이 됩니다. 그래야 쌀의 전분이 부드러워지면서 단맛이 나옵니다.

밥이 완성되면 고루 섞은 후 젖은 헝겊을 덮어 뚜껑을 반쯤 열어둡니다. 뚝배기 뚜껑을 덮어두거나 **밥솥을 보온 모드로 해두면 안 된다**는 말입니다. 계속 가열하는 상태가 되어 밥맛이 떨어지게 되니까요. 남은 밥은 젖은 헝겊을 덮어 빨리 식히고, 먹을 때 전자레인지에서 데우는 방법을 추천합니다.

**재료 (만들기 쉬운 분량)**

쌀 … 360㎖ (2홉)
물 … 360㎖

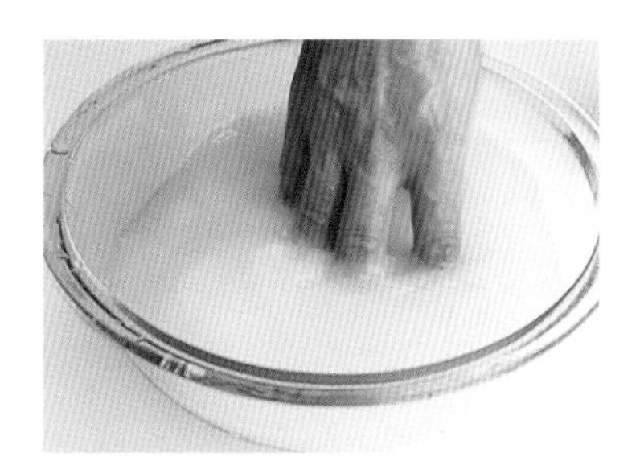

## 1 쌀을 씻는다

볼에 쌀을 넣고 물을 더해 뒤섞으며 씻는다. 물을 갈고 씻는 작업을 4~5회 반복한다.

손바닥으로 힘주어 씻지 않아도 됩니다. 쌀알이 깨질 수 있으니 살살 섞는 정도면 OK.

## 2 쌀을 불린다

물에 15분 불리고 체에 밭쳐 15분 둔다.

쌀을 오래 불리면 밥을 지을 때 부서질 수 있습니다. 체에 밭쳐두는 동안에도 쌀이 물을 머금으니 물에 잠기는 시간은 충분합니다. 불린 쌀을 랩을 씌워 냉장고에 두면 한나절 이상 좋은 상태를 유지할 수 있습니다.

## 3 뚝배기에 쌀을 안친다

뚝배기에 **2**, 분량의 물을 넣고 뚜껑을 덮어 강한 중간 불에 올린다. 약 7분이면 끓는다.

일반 냄비라면 빨리 데워지므로 약한 중간 불에서 끓입니다. 불린 쌀이라면 물의 양은 생쌀과 같은 용량이면 됩니다.

## 4 알루미늄 포일을 끼우고 7분 끓인다

끓으면 뚜껑에 알루미늄 포일을 끼워서 넘치는 것을 방지한다. 뚜껑을 옆으로 살짝 밀어둬도 된다. 끓는 상태에서 7분 가열한다.

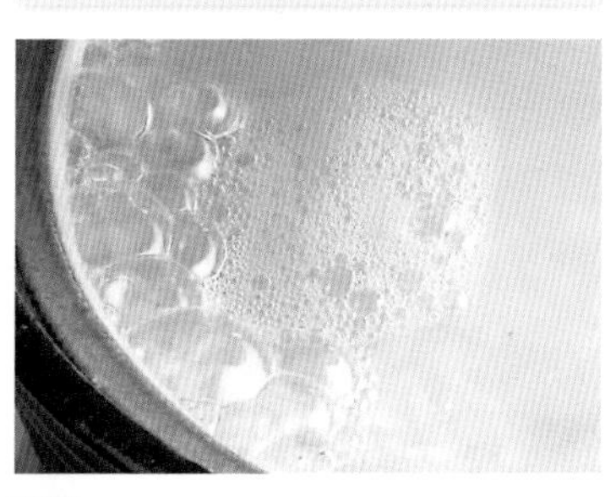

## 5 쌀알이 보이는지 확인한다

가끔 뚜껑을 열어 상태를 본다.

쌀알이 보일 때까지는 뚜껑을 열어도 됩니다. 물이 있으면 열이 전달됩니다.

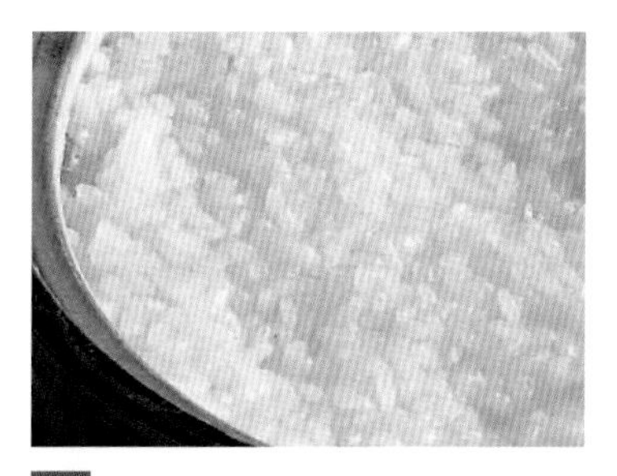

## 6 약한 불에서 7분, 매우 약한 불에서 5분

쌀이 수분을 머금고 쌀알이 보이면 뚜껑을 잘 덮어 약한 불로 줄여서 7분, 더 약한 불로 줄여서 온도가 내려가지 않도록 유지하며 5분 가열한다.

## 7 불을 끄고 5분 뜸 들인 후 섞는다

불을 끄고 5분 정도 뜸을 들인다. 주걱으로 가장자리와 바닥부터 밥을 뒤집어 섞고 남은 수분을 날린다.

불을 끄면 밥에서 나는 증기가 뚜껑에 닿아 전체적으로 샤워하듯이 떨어져 밥이 포슬포슬 맛있어집니다.

### Chef's voice

밥이 남았을 때 또는 바로 먹지 않을 때는 어떻게 하면 좋을까요? 젖은 헝겊으로 덮은 다음 뚜껑을 반 정도 열어두면 식어도 윤기 있는 상태로 보관할 수 있습니다. 뚜껑을 꽉 닫으면 밥이 질어지니 주의하세요. 밥솥에 보온 모드로 두면 계속 가열하는 상태가 되어 맛이 없어집니다.

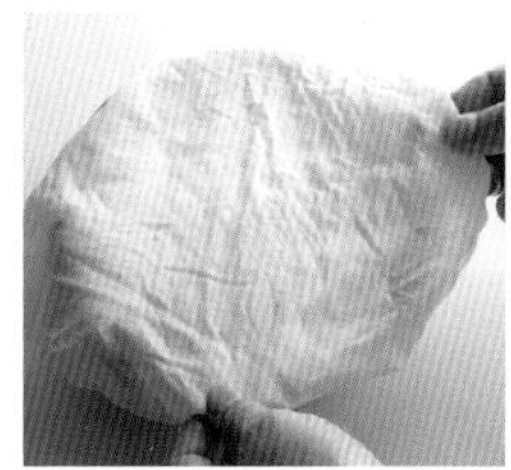

# 3 육수 만들기

가다랑어포와 다시마로 우려낸 향이 깊고 감칠맛 가득한 육수는 맛있습니다. 저는 **육수를 가열하지 않고 우립니다.** 따뜻한 물에 담가두는 방법을 씁니다. 가다랑어포와 다시마의 감칠맛이 가장 맛있게 우러나는 온도는 80℃ 정도. 이 온도에서는 아린 맛이 나지 않고 향긋하고 부드러운 육수의 풍미만 남습니다. **육수를 흐물흐물하게 끓여내면 그 좋은 풍미가 사라지고 맙니다.** 따뜻한 물에 담가두기만 하면 되니 누구나 쉽게 육수를 우려낼 수 있습니다. 육수는 한데 모아도 됩니다. 향과 맛 모두를 놓치지 않는 이 방법은 신기하게도 육수를 다시 데우면 풍미가 되살아납니다. 펄펄 끓여도 쓴맛이 나지 않는답니다.

말린 멸치는 불순물이 섞인 맛이라고들 하지만 우리면 맑은국이 될 정도로 고급스러운 육수를 만들어냅니다. 하지만 맛있는 국물이 때로는 재료의 맛을 해친다는 점도 알아두어야 합니다. 재료의 맛보다 감칠맛이 과하면 아린 맛이 나와서 오히려 감칠맛을 느낄 수 없게 됩니다. 계속 먹다 보면 질릴 수도 있습니다. 두꺼운 화장 같다고 생각하면 이해하기 쉬울 겁니다.

조림요리에서 가다랑어포를 더 넣어 끓이는 '오이가쓰오'를 예를 들어 설명하겠습니다. 육수를 넣은 토란조림(➡ p.76)에서 소개하는데 단시간에 끓여낼 때 좋은 방법입니다. 오래 끓이는 요리에는 가다랑어포를 추가로 넣지 않습니다. 가다랑어포 육수가 조려져서 필요 이상으로 진해지기 때문입니다. 지금부터 '육수의 3단 활용법'을 소개합니다. 1번째 육수와 2번째 육수 내는 법, 육수 재료를 남김없이 쓰는 3번째 방법입니다.

# 기본 육수

**재료 (만들기 쉬운 분량)**

**다시마 … 5 × 5㎝ × 1장**
**가다랑어포 … 10g**

육수용 다시마는 감칠맛이 잘 우러나오는 것을 고릅니다. 언뜻 비싸 보여도 적은 양을 쓰므로 괜찮습니다. 마지막에는 먹어도 되니 오히려 이득입니다. 직접 확인하고 고르는 것을 추천합니다.

### ☞ 맑은국이나 대부분 요리와 잘 맞는

## 1번째 육수

볼에 끓인 물 1ℓ, 다시마, 가다랑어포를 넣는다. 그대로 1분 두었다가 거른다.

끓인 물은 100℃이지만 차가운 볼에 넣으면 육수를 내기에 적합한 80℃ 전후가 됩니다.

### ☞ 된장국이나 조림요리에 제격인

## 2번째 육수

1번째 육수를 낸 다시마와 가다랑어포를 볼에 넣고 따뜻한 물 500㎖를 부어 5분 이상 두었다가 거른다.

이때는 따뜻한 볼에 뜨거운 물을 부어도 OK.

### ☞ 먹기 좋은

## 3번째 육수

2번째 육수를 낸 다시마와 가다랑어포를 적당한 크기로 잘라서 폰즈소스에 담근다. 폰즈소스는 과즙을 넣은 식초에 간장을 섞은 일본식 소스다. 폰즈소스에 담근 다시마와 가다랑어포를 데친 유채와 버무리면 반찬 하나가 뚝딱 완성된다.

# 멸치 육수

**재료 (만들기 쉬운 분량)**

**머리와 내장을 제거한 멸치**
**… 20g**

멸치는 '머리를 숙인 듯한 구부정한 모양'을 고릅니다. 곧은 멸치는 요리하는 과정에서 배가 파열되고 맙니다. 멸치는 그대로 써도 되지만 머리와 내장을 제거하면 질 좋은 육수를 낼 수 있고 표면적도 넓어 감칠맛이 잘 우러나옵니다.

### ☞ 맑은국이나 쓰유에 쓰이는

## 1번째 육수

볼에 물 1ℓ, 멸치를 넣고 3시간 이상 두었다가 거른다.

끓이지 않으면 풍부한 감칠맛만 우려낼 수 있습니다.

### ☞ 된장국과 잘 어울리는

## 2번째 육수

냄비에 1번째 육수를 우려낸 멸치, 물 1ℓ, 다시마 10g을 넣고 불에 올린다. 물이 끓어오르면 거른다.

물이 끓어오른 후 계속 끓이지 않도록 주의하세요. 아린 맛이 납니다!

### ☞ 버릴 게 없는

## 3번째 육수

대파 1개는 어슷하게, 생표고버섯 2개는 얇게 썰어놓는다. 냄비에 참기름을 적당량 두르고 2번째 육수를 낸 멸치를 볶는다. 밑손질한 대파와 생표고버섯을 넣고 기름이 스며들면 우스구치간장 5㎖, 청주 5㎖를 넣어 볶아낸다.

# 4 된장국에 육수가 필요할까?

'된장국에 육수를 꼭 써야 할까?'라고 생각하는 사람들이 의외로 많습니다. 사용하는 된장과 건더기 재료에 따라서는 물만 넣어도 됩니다. **된장 자체가 '육수'**의 역할을 하니까요. 대두를 발효하고 숙성시키는 과정에서 감칠맛이 증가한 결과물이 된장입니다. 간장도 된장처럼 육수로 쓸 수 있습니다.

육수와 물은 어떻게 구별해서 쓰면 좋을까요? 염분이 적은 백된장은 달아서 양을 많이 사용하니 육수를 넣지 않아도 충분히 맛있습니다. 반면 염분이 많은 핫초된장은 짜서 소량만 씁니다. 그것만으로는 **감칠맛이 부족해 육수를 더합니다.** 일반적인 시골된장은 건더기 재료가 적으면 육수를 쓰고, 재료가 풍부하면 물만 넣어도 그만입니다. 감칠맛이 너무 강하면 맛이 아리니 육수에 가다랑어포를 더 추가하지 않는 것이 좋습니다. 맛이 떫어진답니다.

국물요리 중에는 된장국 외에 맑은국이 있습니다. 맑은국은 육수의 맛이 주인공이니 제대로 우린 1번째 육수가 필요합니다. 여기에 색과 향을 살리기 위해 우스구치간장(국간장)도 더합니다. 육수, 우스구치간장, 청주를 25 : 1 : 0.5 비율로 섞으면 그것만으로 맛이 결정된답니다.

**【된장 3종】**

**백된장**

염도가 낮고 숙성 기간이 짧다. 누룩의 당분으로 단맛이 난다.

**시골된장**

일반 된장. 염도나 단맛이 적당하다.

**핫초된장**

염도가 높고 숙성 시간이 길다. 짜고 깔끔한 맛.

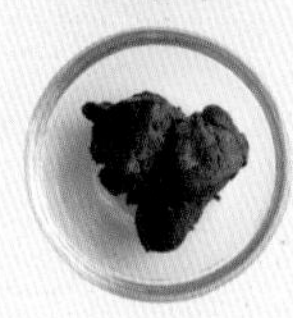

## 육수로 만든 된장국

### 두부 된장국

**➡ 건더기 재료를 조금만 넣어 육수로 감칠맛을 더한다**

**재료 (2인분)**

**2번째 육수 (➡ p.11) … 300㎖**
**시골된장 … 20g**
**두부 … 50g**
**파드득나물 … 3개분**

**만드는 법**

냄비에 2번째 육수, 깍둑썰기한 두부를 넣고 불에 올린다. 따뜻하게 데워지면 시골된장을 풀고 큼직하게 썬 파드득나물을 넣어 재빨리 끓여낸다. 감칠맛이 부족하면 3 × 3㎝로 썬 다시마를 넣어도 된다.

### 토란 된장국

**➡ 짠 핫초된장은 소량만 쓰니 육수로 감칠맛을 끌어올린다**

**재료 (2인분)**

**2번째 육수 (➡ p.11) … 300㎖**
**핫초된장 … 20g**
**큰 토란 … 60g × 1개**
**실파 … 10g**

**만드는 법**

토란은 껍질을 긁어서 벗기고(➡ p.79) 마구 썬다. 냄비에 2번째 육수와 손질한 토란을 넣어 약한 중간 불에서 토란이 익을 때까지 끓인다. 핫초된장을 푼 다음 어슷썰기한 실파를 넣어 재빨리 익힌다.

## 육수 없이 끓여내는 된장국

### 무 유부 된장국

➡ 무, 유부, 미역에서 감칠맛이 충분히 우러나온다

**재료 (2인분)**

물 … 300㎖
시골된장 … 20g
무 … 60g
미역 … 20g
유부 … 15g
대파 … 5g

**만드는 법**

냄비에 물과 막대 모양으로 썬 무를 넣어 불에 올린다. 끓어오르면 약한 중간 불에서 무가 익을 때까지 끓인다. 시골된장을 풀고 불린 미역을 큼직하게 썰어 넣어 맛을 정돈한다. 뜨거운 물을 부어 기름기를 빼고 무처럼 길게 썬 유부를 넣어 재빨리 익힌다. 그릇에 담고 송송 썬 대파를 얹는다.

### 두부 백된장국

➡ 단맛이 나는 백된장을 많이 넣어 감칠맛이 충분하다

**재료 (2인분)**

물 … 300㎖
사이쿄 백된장 … 60g
두부 … 70g
유채 … 2뿌리
겨잣가루 … 적당량

**만드는 법**

분량의 물에 사이쿄 백된장을 푼 다음 반으로 썰어놓은 두부를 넣고 약한 중간 불에 올려 한소끔 끓인다. 그릇에 옮겨 담고 두부 위에 데친 유채를 곁들인 후 겨잣가루 갠 것을 얹는다.

## 맑은국에는 1번째 육수를

### 일본식 어묵국

➡ 육수가 주인공이니 1번째 육수를 쓴다

**재료 (2인분)**

1번째 육수 (➡ p.11) … 300㎖
우스구치간장 … 12㎖
청주 … 6㎖
한펜 … 4 × 4㎝ × 2조각
청유자 껍질 … 2조각
파드득나물 … 적당량

**만드는 법**

냄비에 분량의 1번째 육수, 우스구치간장, 청주를 넣고 불에 올린다. 끓으면 일본식 찐 어묵인 한펜을 넣고 데운다. 그릇에 옮겨 담고 가볍게 데쳐 묶은 파드득나물과 청유자 껍질을 한펜 위에 얹는다.

# 5

# 오래 가열하면 맛없다

저의 생각이 집약된 요리는 다키코미밥입니다. **너무 진한 감칠맛은 질릴 수 있습니다.** 다키코미밥의 밥물에 육수를 쓰는 사람도 있지만, 일반적으로 흰쌀밥은 육수를 쓰지 않습니다. **다키코미밥은 물만 넣어도 충분합니다.** 육수를 쓰면 오히려 쌀의 감칠맛이 떨어지고 맙니다.

다키코미밥의 부재료는 오래 가열하지 않아야 합니다. 재료들을 처음부터 한꺼번에 넣으면 맛이 없습니다. **다키코미밥은 부재료에 따라 넣는 타이밍이 세 번입니다.** 딱딱해서 오래 익혀야 하는 재료는 처음부터, 어느 정도 익히고 싶은 재료는 중간에, 조금 뜸만 들여도 되는 재료는 밥을 짓고 나서 넣는 것이 요령입니다. 이렇게만 해도 각 재료의 맛을 충분히 살릴 수 있습니다. '오래 가열하지 않기'는 꼭 알려주고 싶은 팁입니다. 이 방법을 따르면 닭고기 데리야키는 촉촉하게, 생선조림은 먹음직스럽게 완성할 수 있습니다.

부재료를 넣는 세 번의 타이밍을 살린 '돼지고기 고구마 다키코미밥'을 소개합니다. 고구마는 단맛이 풍부하고, 돼지고기는 육즙이 많고 부드러운 것이 특징입니다. 그러니 밥도 재료도 맛있는 다키코미밥이 될 수밖에 없습니다.

**재료 (만들기 쉬운 분량)**

쌀 … 360㎖ (2홉)

◘ 밥물 10 : 1 : 1
- 물 … 300㎖ ➡ 10
- 우스구치간장 … 30㎖ ➡ 1
- 청주 … 30㎖ ➡ 1

얇게 썬 삼겹살 … 100g
고구마 … 80g
실파 … 1개분
검은 통후추 … 적당량

**준비**

⊙고구마는 한입 크기로 썰어 물에 헹군다.
⊙실파는 송송 썰어서 씻고 물기를 뺀다.

### 1 쌀을 씻어 물에 불린다

쌀은 살살 씻고 물을 간다. 이 과정을 4~5회 반복하고 분량 외 물에 15분 불렸다가 체에 밭쳐서 15분 둔다.

### 2 삼겹살을 따뜻한 물에 살짝 데친다

냄비에 물을 끓인다. 얇게 썬 삼겹살은 폭 3cm로 자른 다음 체에 넣어 따뜻한 물에 담근다. 젓가락으로 삼겹살을 풀다가 살짝 하얘지면 건진다. 물에 담갔다가 물기를 뺀다.

고기의 단백질이 익어 살짝 하얗게 됩니다.

### 3 뚝배기에 재료를 넣는다

뚝배기에 쌀, 밥물 재료, 손질한 고구마를 넣고 섞는다.

고구마는 딱딱해서 잘 익지 않으니 처음부터 넣습니다.

### 4 7분 가열한다

뚜껑을 덮고 강한 중간 불에 올린다. 끓으면 불을 줄이고, 끓는 상태에서 7분 정도 가열한다. 끓어 넘치지 않도록 뚜껑에 알루미늄 포일을 끼운다.

밥솥이라면 불린 쌀은 쾌속 모드로! 일반 모드에선 밥이 질어지니 주의하세요.

### 5 쌀알이 보이면 돼지고기를 넣는다

쌀알이 보이면 **2**의 돼지고기를 고구마 위에 고루 얹는다.

쌀알이 보일 때까지는 뚜껑을 열어도 OK. 쌀의 상태를 잘 관찰해야 합니다.

### 6 약한 불에 7분, 매우 약한 불에 5분

뚜껑을 잘 덮고 약한 불에서 7분, 매우 약한 불에서 5분 끓인다.

### 7 실파를 얹고 뜸을 들인다

불을 끄고 뚜껑을 연 다음 실파를 재빨리 얹는다. 뚜껑을 덮고 5분 뜸을 들인다.

그대로 먹을 수도 있고 뜸을 들이기만 해도 되는 실파는 이 타이밍에 넣어 향을 살려주세요.

### 8 전체적으로 섞는다

뚜껑을 열고 주걱으로 위아래를 뒤집듯이 고루 섞는다.

### 9 그릇에 담는다

그릇에 보기 좋게 담고 취향에 따라 검은 후추를 뿌린다.

# 6 실패하지 않고 간 맞추는 법

## 소금으로 '맛의 길'을 만든다

저는 맛있는 음식을 만들 때 '맛의 길'을 만드는 것을 가장 중요하게 생각합니다. **'맛의 길'이란 재료와 조미료를 연결하는 중간 역할을 합니다.** 무침요리나 초무침의 '맛의 길'은 미리 재료에 밑간을 해서 만듭니다. 재료와 밑간, 밑간과 조미료(무침옷이나 배합초 등)가 어우러지면서 맛이 정돈되고 입안에서 하나가 됩니다. 생선조림이라면 생선에 소금을 뿌리고 20분 정도 재워둡니다. 이때 뿌린 소금의 결정이 생선에 침투하면서 아주 작은 구멍이 생깁니다. 그 결과 **조림국물과 생선 속이 서로 통해서 빨리 익고 조림국물에 생선의 감칠맛이 적당히 배어나게 됩니다.** 그러니 오래 끓이지 않아도 되고, 물로만 끓여도 조림국물은 맛있는 육수가 됩니다.

## '따뜻한 물'에 데친다

조림요리는 재료를 따뜻한 물에 살짝 데치는 방법을 추천합니다. 생선이나 고기의 단백질이 하얗게 될 때까지 따뜻한 물에서 익히면 오염 물질이나 불순물이 제거됩니다. **우리가 목욕하듯이 식재료도 따뜻한 물에 담가 깨끗이 하면 조림요리가 담백하고 산뜻해지지요.** 생선조림처럼 소금으로 밑간을 한 경우에는 남은 염분도 제거할 수 있어 일석이조입니다. 파나 뿌리채소, 버섯도 따뜻한 물에 데치면 쓴맛이 없어지고 재료 본연의 맛이 살아납니다. 채소와 생선, 고기를 모두 따뜻한 물에 담갔다 뺄 때는 한 냄비에서 채소 → 생선이나 고기 순으로 작업하면 물을 재사용할 수 있어서 낭비가 적습니다.

## 요리는 디지털, 조미료의 비율만 지키면 간 맞추기는 식은 죽 먹기!

제가 음식의 간을 연구할 때처럼 이 책의 레시피에도 조미료의 비율을 최대한 기재했습니다. **비율을 알면 맛이 흐트러지지 않습니다. 정확히 계산해서 요리를 하면 양도 간단히 증감시킬 수 있습니다. 바로 간을 맞추는 법칙이 있기 때문이지요.** 물론 응용도 가능합니다. 맑은국은 육수 25 : 우스구치간장 1 : 청주 0.5 비율로 섞으면 안성맞춤입니다. 육수가 250*ml*라면 우스구치간장 10*ml*에 청주는 5*ml*, 육수가 500*ml*라면 간장 20*ml*에 청주 10*ml* 이런 식입니다. 생선을 담백하게 조린다면 물 16 : 우스구치간장 1 : 청주 1의 비율이 좋습니다. 단맛을 내면서 진하게 조리고 싶다면 수분을 줄이고 청주를 맛술로 바꾸어 물 + 청주 5 : 간장 1 : 맛술 1로 요리합니다. 17페이지에 이 책에 나오는 주요 비율을 정리해놓았으니 참고하세요.

# 이 책에서 다룬 주요 요리의 황금비율

사진의 오른쪽으로 갈수록 간이 싱겁고 왼쪽으로 갈수록 진해집니다. 위쪽은 설탕이나 맛술을 써서 달고 아래쪽은 달지 않습니다. '육수'는 1번째 육수, 2번째 육수, 멸치 육수 모두를 가리킵니다.

**단맛**

**벳코앙** 6 : 1 : 0.5 (육수 : 간장 : 맛술)

**데리야키** 5 : 3 : 1 (맛술 : 청주 : 간장)

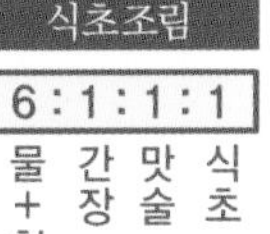

**식초조림** 6 : 1 : 1 : 1 (물+청주 : 간장 : 맛술 : 식초)

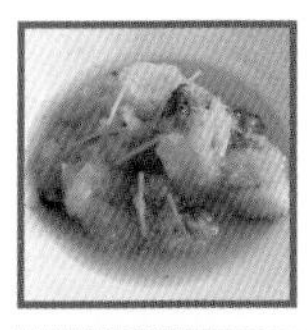

**무즙조림** 10 : 1 : 1 (육수 : 우스구치간장 : 맛술)

**소바** 15 : 1 : 0.5 (육수 : 우스구치간장 : 맛술)

**양념구이** 1 : 1 : 1 (간장 : 청주 : 맛술)

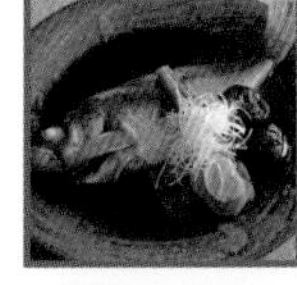
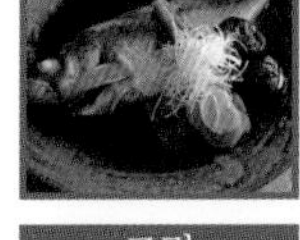

**조림** 5 : 1 : 1 (물+청주 : 간장 : 맛술)

**육수넣은호박조림** 6 : 1 : 0.6 (육수 : 맛술 : 우스구치간장)

**니비타시** 10 : 1 : 0.5 (육수 : 우스구치간장 : 맛술)

**요세나베** 15 : 1 : 0.5 (물 : 우스구치간장 : 맛술)

**진하다** ⟷ **싱겁다**

**오히타시** 5 : 1 : 0.5 (육수 : 간장 : 청주)

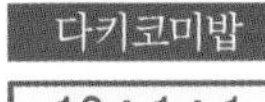

**다키코미밥** 10 : 1 : 1 (물 : 우스구치간장 : 청주)

**담백 조림** 16 : 1 : 1 (물 : 우스구치간장 : 청주)

**우동** 20 : 1 : 0.5 (육수 : 우스구치간장 : 청주)

**맑은국** 25 : 1 : 0.5 (육수 : 우스구치간장 : 청주)

**달지 않은 맛**

# 이 책의 사용법

음식을 맛있게 만들기 위한 이 책의 레시피 활용법을 소개합니다.

⊙ 플레이팅 예. 요리의 색이나 질감 등 이 사진의 상태를 기준으로 삼습니다. 따뜻한 요리는 그릇을 따뜻하게 데우면 더 맛있게 먹을 수 있습니다. 단, 재료의 분량과 플레이팅 사진이 다른 경우도 있습니다.

육수와 함께 먹는 호박, 포슬포슬하게 끓인 호박

호박조림 2종

집밥도 음식점보다 맛있을 수 있다

• 육수를 넣은 호박조림

호박 ··· 300g

멸치 ··· 5마리

⊙ 요리 이름의 유래나 요리의 맛, 만들 때의 요령, 먹는 법 등을 설명합니다. 특히 중요한 부분은 굵은 글씨 + 노랑 형광펜으로 표시해두었으니 주의해서 보면 좋습니다.

【레시피 규칙】

■ 1작은술 = 5$ml$, 1큰술 = 15$ml$, 1홉 = 180$ml$, 1컵 = 200$ml$

■ 특별한 코멘트가 없으면 설탕은 상백당, 소금은 자연소금, 식초는 곡물식초, 간장은 고이구치간장(양조간장), 된장은 장기 숙성한 시골된장, 술은 청주, 맛술은 혼미림, 달걀은 중간 크기입니다.

■ 1번째 육수, 2번째 육수는 다시마 + 가다랑어포로 우린 기본 육수(➡ p.11)입니다.

⊙ 음식을 만들기 위한 재료와 밑손질법. 특별히 조언이 필요한 식재료는 셰프의 코멘트가 있습니다.

만드는 법은 사진 아래에 크게 3단계로 나뉘어 있습니다. 일단 굵은 글씨 + 노랑 형광펜의 설명만 따라 해도 충분합니다. 그 아래에는 더 자세한 방법을 설명해놓았습니다. 말풍선에는 셰프의 조언이나 코멘트가 있으니 참고해보세요. 일반 레시피에는 언급되지 않는 포인트랍니다.

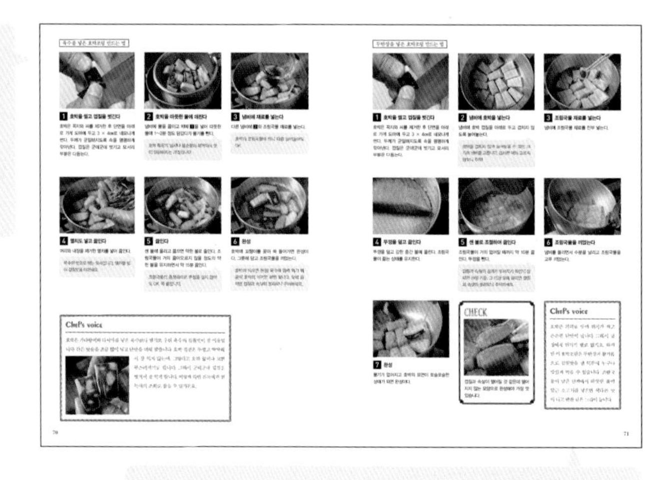


만드는 법에서 다루지 못했던 팁이나 응용 아이디어를 소개합니다.

제 1 장

# 구이와 튀김

집밥의 메인 반찬으로 가장 간단한 구이.

재료가 그대로 드러나기 때문에

밑손질이나 굽는 법이 맛을 좌우합니다.

생선과 고기 굽는 요령의 차이,

실패하지 않는 튀김요리를 소개합니다.

 사각 접시_도이 요시오(소라), 둥근 접시_요시무라 마사야

소금 사용법은 세 가지
심플하고 맛있게 생선 먹는 법

# 기본 생선구이 '소금구이'

### 어떻게 짠맛을 내느냐에 따라 맛과 식감이 달라진다

생선의 맛을 제대로 느끼려면 뭐니 뭐니 해도 심플한 소금구이가 최고입니다. '소금구이'는 소금으로 간을 맞추므로 이런 이름이 붙여졌습니다. 똑같은 소금 1g을 넣는다고 해도 **고운소금을 전체적으로 뿌리느냐, 굵은소금을 듬성듬성 뿌리느냐, 소금을 생선 안쪽까지 뿌리느냐에 따라 맛이 크게 달라집니다.** 세 종류의 소금구이를 소개합니다.

가정에서는 보통 토막 낸 생선으로 요리합니다. 그때는 고운소금을 전체적으로 빈틈없이 뿌리고 30분 정도 두어서 밑간을 한 후 굽습니다. 굽기 직전에 소금을 뿌려도 되지 않느냐고 할 수 있지만, 소금을 뿌려서 조금 두었다가 구우면 비린내도 없어지고 생선에 짠맛이 침투되어 맛이 완전히 달라집니다. 취향에 따라 무즙을 곁들이고 간장을 조금 뿌려 먹어도 맛있습니다.

생선 한 마리를 통째로 굽는 것도 별미입니다. 보기에 먹음직스럽고 식탁을 풍성하게 만듭니다. 통째로 구울 때는 굵은소금이 제격입니다. 고운소금을 쓰면 녹아서 생선 껍질을 타고 즙이 흘러내리기 때문에 구운 후에 맛이 없어집니다. 반면 굵은소금은 조금 녹아도 껍질 위에 남는데, 구운 후의 소금의 식감과 향이 맛을 더 깊게 만들어줍니다.

### 건어물도 소금구이할 수 있다

소금을 재료 속까지 뿌리는 방법도 있습니다. 건어물이나 염장 연어, 자반고등어 등이 이에 해당합니다. 이들을 구운 것도 소금구이라고 할 수 있습니다. 속까지 소금이 침투하도록 고운소금을 쓰는 것도 좋지만 소금물에 담가도 좋습니다. 짠맛이 속까지 스며들어서 생선의 맛이 응축되어 아주 맛있어집니다.

**【소금구이용 소금 3종】**

위쪽부터 시계 방향으로 해초소금, 고운소금, 굵은소금입니다. 기본적으로 고운소금은 재료 전체에 고루 뿌릴 때, 굵은소금은 전갱이나 은어 등을 통째로 구울 때, 해초소금은 조금 특이하고 감칠맛이 강하므로 색다른 풍미를 더하고 싶을 때 씁니다.

① 고운소금으로 밑간한

# 방어 소금구이

**재료 (2인분)**

방어 … 60g × 2토막
영귤 … 2조각
소금 … 적당량

**1 양면에 소금을 뿌린다**

바트에 소금을 뿌리고 방어를 얹는다. 방어 윗면에도 소금을 뿌린다.

물로 씻을 것이니 소금의 양은 신경 쓰지 않아도 됩니다.

**2 30분 동안 재운다**

상온에서 30분 둔다. 소금이 스며들면서 표면에서 남은 수분이 나온다.

이때 '맛의 길'이 만들어집니다.

**3 물로 씻는다**

물에 담갔다 빼면서 남은 소금이나 비린내를 씻어낸다. 흐르는 수돗물에 씻어도 된다.

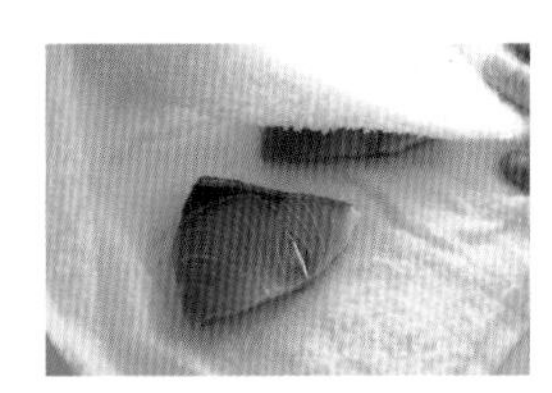

**4 물기를 닦고 굽는다**

행주나 키친타월로 살살 눌러가며 물기를 말끔히 닦는다. 그릴을 예열한 다음 중간 불에서 양면을 굽는다. 그릇에 담고 반으로 썰어놓은 영귤을 곁들인다.

② 굵은소금을 뿌려 통째로 굽는

# 전갱이 소금구이

**재료 (1인분)**

전갱이 … 1마리
레몬 … 1개
굵은소금 … 적당량
무즙 … 적당량
간장 … 적당량

**1 단단한 비늘과 내장을 제거하고 씻는다**

칼을 눕히고 전갱이의 꼬리에서 머리를 향해 밀면서 단단한 비늘을 제거한다(➡ p.90). 내장과 아가미를 떼어내고 물로 잘 씻은 후 키친타월로 물기를 닦아낸다. 뱃속도 꼼꼼하게 씻는다.

**2 양면에 굵은소금을 뿌리고 바로 굽는다**

양면 모두 등지느러미 근처에 십자 모양으로 칼집을 넣고 굵은소금을 뿌린다. 그릴을 예열한 다음 양면을 굽는다. 그릇에 담고 빗살 모양으로 썬 레몬과 가볍게 물기를 짠 무즙을 곁들인 다음 간장을 조금 뿌린다.

칼집을 넣으면 고루 익고 완성된 모양이 맛있어 보입니다.

③ 소금에 절여서 굽는

# 말린 전갱이

**재료 (1인분)**

**전갱이 … 1마리**
**소금 … 적당량**

**1 전갱이를 밑손질한다**

전갱이는 내장과 아가미를 제거하고(➡ p.90) 물에 잘 씻은 후 키친타월로 물기를 닦아낸다.

뱃속도 물기를 깨끗하게 닦아냅니다.

**2 갈라서 소금을 뿌린다**

전갱이의 배를 가르고 바트에 소금을 뿌린 다음 얹는다. 위쪽에도 소금을 뿌리고 약 1시간 둔다.

**3 탈수시켜 굽는다**

물기를 닦아내고 탈수시트에 손질한 전갱이를 끼워 냉장고에서 한나절 둔다. 그릴을 예열한 다음 중간 불에서 굽는다.

겨울철에 기온이 낮아 건조한 날, 채반에 얹어 바람에 말려도 좋습니다.

닭고기 데리야키
방어 데리야키

데리야키 소스의 비율은 맛술 5 : 청주 3 : 간장 1
진해도 느끼하지 않아 재료의 맛이 살아난다

# 데리야키 2종

### 맛있는 소스를 만드는 요령

데리야키의 매력은 겉에 묻은 진하고 달콤하고 짭조름한 소스입니다. 이 소스는 서양 요리와 마찬가지로 재료를 맛있게 먹을 수 있게 도와주는 역할을 합니다. 생선은 방어, 육류는 닭고기를 사용해 프라이팬에서 맛있게 요리하는 방법을 소개합니다. 소스 비율은 **맛술 5 : 청주 3 : 간장 1**로 같습니다. 소스가 단시간에 조려지도록 물 대신 빨리 증발하는 청주를 썼습니다.
데리야키는 재료의 겉면에 소스를 묻히는데, 방어나 닭다릿살은 기름기가 있어서 소스가 겉돌 수 있습니다. 그래서 소스가 잘 배도록 밀가루를 묻힌 다음 굽습니다. 밀가루옷은 두꺼우면 느끼해질 수 있으니 가급적 아주 얇게 묻히세요. 붓솔을 쓰면 얇게 묻힐 수 있고 손도 더러워지지 않습니다. **껍질을 노릇노릇하고 바삭하게 구우면 껍질까지 정말 맛있게 먹을 수 있습니다.**

### 남은 기름기를 없애면 재료의 맛이 돋보인다

데리야키를 맛있게 만들려면 **소스를 넣기 전에 프라이팬이나 재료에 묻은 기름을 깨끗이 닦아내야 합니다.** 데리야키의 진한 소스는 기름지면 맛이 없고, 기름은 소스와 분리되기 때문에 잘 어우러지지 않는 단점이 있습니다. 남은 기름과 생선, 닭고기 특유의 냄새가 나는 지방을 제거하는 순간, 요리가 깔끔해지고 재료 본연의 맛이 살아납니다.
데리야키라고 하면 옛날에는 소스에 넣어 푹 끓이곤 했습니다. 하지만 이 방법으로 요리하면 딱딱해지고 육즙이 나와서 맛이 없어집니다. 요즘에는 재료들이 신선하니 **속까지 완전히 익히지 않아도 됩니다.** 중간에 어느 정도 맛이 스며들었다 싶을 때 생선이나 고기를 꺼냈다가 마지막에 다시 넣어 소스를 묻히는 방법을 추천합니다. 이렇게 하면 겉은 바삭하고 속은 부드러우면서도 촉촉해집니다. 한마디로 겉과 안이 대비되어 훨씬 맛있게 완성되겠지요?

# 방어 데리야키

**재료 (2인분)**

방어 … 80g × 2토막
소금 … 적당량
박력분 … 적당량
샐러드유 … 1큰술

⊙ 데리야키 소스 [5:3:1]
- 맛술 … 150㎖ ➡ 5
- 청주 … 90㎖ ➡ 3
- 간장 … 30㎖ ➡ 1
- 소금 … 적당량

다마리간장 … ½작은술
생강 … 20g

**준비**

⊙ 데리야키 소스 재료를 볼에 넣어 섞는다.

**1 방어에 소금을 뿌리고 15분 둔다**

바트에 소금을 뿌리고 방어 토막을 얹는다. 위에도 소금을 뿌리고 상온에서 15분 두었다가 물로 씻어낸 후 물기를 닦아낸다.

생선 데리야키는 처음에 소금으로 밑간을 하여 소스가 겉에 묻기만 해도 맛있어집니다.

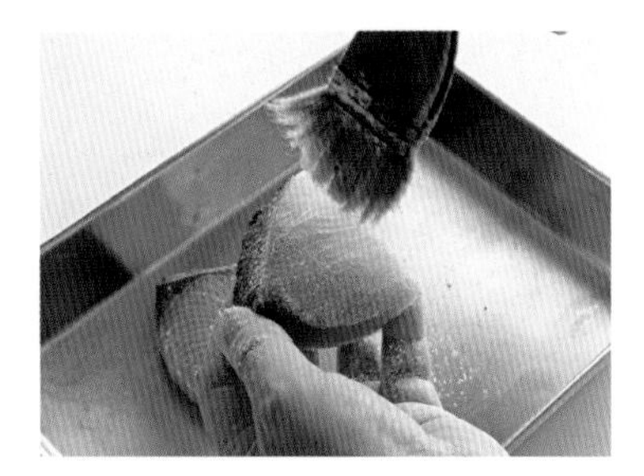

**2 방어에 밀가루를 얇게 묻힌다**

붓솔에 밀가루를 묻혀 방어의 몸통과 껍질까지 얇게 바른다.

**3 노릇노릇하게 굽는다**

프라이팬에 샐러드유를 두르고 센 불로 달군 후 방어를 늘어놓는다. 노릇노릇해지면 뒤집어서 양면을 굽는다.

샐러드유는 구운 후에 닦아내면 되니 양이 조금 많아도 OK.

**4** 껍질도 잘 굽는다

젓가락으로 방어를 들어 올려 껍질을 아래로 가게 두고 바삭해질 때까지 굽는다.

껍질을 굽지 않으면 식감이 흐물흐물해지니 주의하세요. 바삭하게 구워야 제맛!

**5** 남은 기름을 닦아낸다

키친타월로 프라이팬과 방어에 묻은 기름기를 깨끗이 닦아낸다.

샐러드유는 굽는 용도! 굽는 과정에서 방어 자체의 기름과 비린내도 같이 나오는데 닦아내기만 해도 맛이 고급스럽고 깔끔해집니다.

**6** 소스 재료를 넣는다

섞어둔 소스 재료를 프라이팬의 빈 곳에 붓는다. 바로 끓어오르면서 소스가 완성된다.

**7** 센 불로 조절하고 뒤집는다

소스가 부글부글 끓고 거품이 커지면 방어를 뒤집는다.

**8** 80% 익으면 꺼낸다

작은 거품이 나면 방어를 일단 바트로 옮긴다. 여기까지가 80% 익은 것이다.

꺼낸 몇 분 동안에 잔열로 방어가 뭉근히 익습니다. 이 시간이 매우 중요합니다.

**9** 소스를 조린다

중간 불에 알코올을 날리면서 소스를 조린다. 도중에 얇게 썬 생강을 넣는다.

생강은 오래 익히면 쓴맛이 나므로 완성되기 직전에 넣어 향을 살려주세요.

**10** 방어를 다시 넣는다

소스가 졸아서 작은 거품이 나면 **8**의 방어를 다시 넣고 프라이팬을 살살 흔들면서 소스를 묻힌다.

**11** 다마리간장을 넣는다

다마리간장(진하고 감칠맛이 강한 맛간장)을 전체적으로 두르듯이 넣는다.

다마리간장을 넣으면 먹음직스러워 보이는 진한 색이 됩니다.

**12** 윤기가 나면 완성

프라이팬을 돌리면서 방어에 소스를 묻힌다. 윤기가 나면 완성이다. 그릇에 담고 생강을 곁들인다.

# 닭고기 데리야키

**재료 (2인분)**

닭다릿살 … 200g × 1개
생표고버섯 … 2개
꽈리고추 … 4개
샐러드유 … 1큰술
박력분 … 적당량

**데리야키 소스** 5:3:1
- 맛술 … 150㎖ ➡ 5
- 청주 … 90㎖ ➡ 3
- 간장 … 30㎖ ➡ 1

다마리간장 … ½작은술
생강 … 20g

**준비**

⊙ 생표고는 밑동을 제거한다.
⊙ 꽈리고추는 꼭지를 떼고 꼬챙이로 전체에 구멍을 뚫는다.
⊙ 데리야키 소스 재료를 볼에 넣어 섞는다.

**1 닭고기를 저민다**

닭고기는 껍질을 아래로 가게 두고 세로로 반을 썬다. 칼을 비스듬히 눕혀 섬유질을 따라 얇게 저민다.

껍질도 맛있으니 토막 전체에 껍질을 남겨 두세요. 껍질을 펼쳐 모양을 정돈하며 2를 진행합니다.

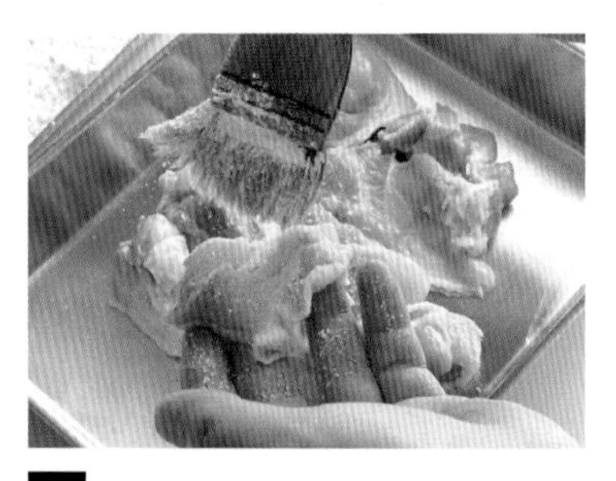

**2 밀가루를 붓솔로 얇게 바른다**

닭고기를 왼손에 쥐고 붓솔에 밀가루를 묻혀 얇게 바른다. 뒷면도 똑같은 과정을 반복한다.

**3 프라이팬에서 껍질 쪽부터 굽는다**

차가운 프라이팬에 샐러드유를 두른다. 손질한 2의 껍질을 아래로 두고 중간 불에 올린다.

프라이팬 예열은 NO. 차가운 상태에서 서서히 익혀야 닭고기가 타지 않고 적당히 익어 촉촉해집니다.

## 4 껍질을 노릇노릇하게 굽는다

껍질이 노릇노릇해지고 바삭해질 때까지 굽는다.

껍질을 덜 구우면 맛이 없으니 바싹 구우세요. 노릇노릇한 색도 맛이 됩니다.

## 5 남은 기름을 닦아낸다

키친타월로 여분의 샐러드유와 닭고기에서 나온 기름을 깨끗하게 제거한다.

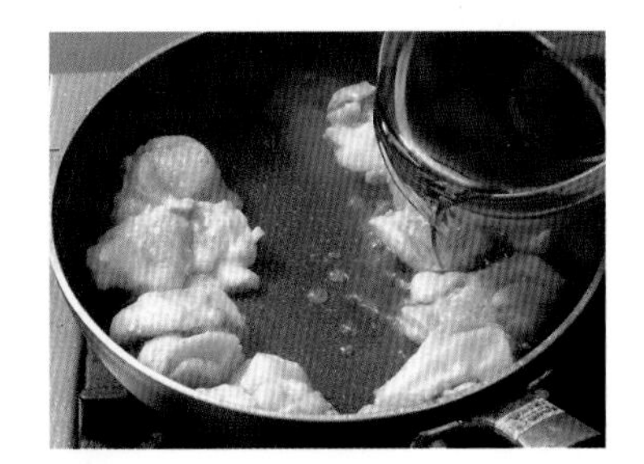

## 6 소스 재료를 넣는다

닭고기를 양 가장자리로 옮기고 비워진 가운데에 준비한 소스를 붓는다.

이렇게 하면 순간적으로 끓어올라 소스가 완성됩니다. 여기까지 껍질을 아래로 두고 간접적으로 부드럽게 익히세요.

## 7 껍질을 위쪽에 두고 조린다

껍질은 위로, 살코기는 아래로 둔 채 소스가 부글부글 끓으면 센 불로 조절한다.

그릇에 담았을 때 보이는 부분이 타지 않도록 껍질을 위로 두어 조립니다.

## 8 표고버섯을 넣는다

소스가 끓어 작은 거품이 나면 생표고버섯을 넣어 가볍게 조린다.

## 9 닭고기를 일단 꺼낸다

닭고기를 일단 바트에 꺼내고 센 불인 상태에서 소스를 조린다. 중간에 얇게 저민 생강을 넣는다.

꺼낸 닭고기를 잔열로 익힙니다. 이 과정이 닭고기를 부드럽고 촉촉하게 완성하는 포인트.

## 10 닭고기를 다시 넣는다

소스가 걸쭉해지고 윤기 있는 커다란 거품이 생기면 9의 닭고기를 다시 넣어 소스를 입힌다.

## 11 다마리간장과 다른 부재료를 넣는다

다마리간장을 전체적으로 두르듯이 넣는다. 이때 손질해둔 꽈리고추도 넣는다.

다마리간장을 넣어야 먹음직스러워 보이는 진한 색이 됩니다.

## 12 윤기가 나면 완성

프라이팬을 돌리면서 소스를 고루 입힌다. 윤기가 나면 완성이다. 그릇에 옮겨 담는다.

산초잎을 넣은 도미 양념구이

유자향을 낸 삼치 양념구이

두반장을 넣은 방어 양념구이

깨를 넣은 금눈돔 양념구이

소스의 기본은 간장 1 : 청주 1 : 맛술 1
다른 향을 더하는 것만으로 요리의 폭이 넓어진다

# 생선 양념구이 4종

## 기본 소스만 있으면 간단히 변형시킬 수 있다

양념구이는 이름 그대로 재료인 생선을 소스에 담가 맛을 입힙니다. 구울 때도 마찬가지입니다. 가정에서는 붓솔로 소스를 묻힙니다. 소개하는 생선 양념구이 4종의 만드는 법은 모두 같습니다. **간장 1 : 청주 1 : 맛술 1로 섞은 기본 소스**를 만들고 맛과 향을 내는 재료를 섞은 다음 생선을 담갔다가 굽습니다. 어려운 점은 없습니다. 그릴만 예열해두면 되니 참 간단하지요?
이 단순한 소스로 간을 맞춰도 되고 유자나 산초잎, 파 등을 첨가해도 됩니다. 더하는 재료만 바꾸어도 맛과 향에 변화가 생기고 생선구이에 신선함이 감돌기 때문에 기억해두면 좋습니다. 제철 생선과 그 계절의 향이 나는 재료를 조합하면 계절감을 표현할 수 있어 접대 음식으로도 손색이 없습니다.

## 양념구이는 소스에 담가 '맛의 길'을 만든다

지금까지의 생선구이에서는 밑손질을 할 때 소금을 뿌려 '맛의 길'을 만들었습니다. 양념구이는 소금을 뿌리지 않고 **소스에 담가 '맛의 길'을 만듭니다.** 한 토막이 40g이라면 15분 정도 담그지만 80g이라면 30분 정도로 잡으면 됩니다. 소스가 생선살 표면에 묻어서 탈 수 있으니 약한 불에 굽는 것이 요령입니다.
프라이팬에서도 구울 수 있습니다. 열이 통하는 오븐시트를 깔고 물기를 뺀 생선의 껍질을 아래로 둔 다음 약한 불에서 뚜껑을 덮은 채로 굽습니다. 이렇게 하면 오븐시트와 껍질을 통해 생선살이 간접적으로 익으면서 부드럽게 완성됩니다. 일종의 찜구이가 되는 셈이지요. 중간에 두세 번 정도 소스를 덧바르면서 구우면 좋습니다.

### Chef's voice

소개한 조합 외에 봄에는 머윗대, 여름에는 양하 또는 차조기잎, 가을에는 청유자 껍질 또는 시소꽃, 겨울에는 황유자나 후추 등의 재료에 기본 소스를 더하면 계절감을 살릴 수 있습니다. 생선에 올리기 쉽도록 양하, 차조기잎, 시소꽃은 잘게 썰어서 사용합니다.

# 산초잎을 넣은 도미 양념구이

**재료 (2~4인분)**

**도미 … 40g × 4토막**

**산초잎소스** 1:1:1

- **간장 … 40㎖ → 1**
- **청주 … 40㎖ → 1**
- **맛술 … 40㎖ → 1**
- **산초잎 … 20장**

**맛술 … 적당량**

**만드는 법**

1 볼에 소스 재료를 섞고 산초잎을 마구 다져 넣는다.

2 도미를 넣어 15분 담그고 체에 밭쳐 물기를 뺀다. 토막이 크면 30분 담근다.

3 예열한 그릴에 넣고 약한 불에서 굽는다. 중간에 붓솔로 소스를 고루 묻혀가며 굽는다. 마지막에 맛술을 바르고 마를 정도로 구워 윤기를 낸다.

# 유자향을 낸 삼치 양념구이

**재료 (2~4인분)**

**삼치 … 40g × 4토막**

**유자향소스** 1:1:1

- **간장 … 40㎖ → 1**
- **청주 … 40㎖ → 1**
- **맛술 … 40㎖ → 1**
- **유자 … 2장**

**맛술 … 적당량**

**만드는 법**

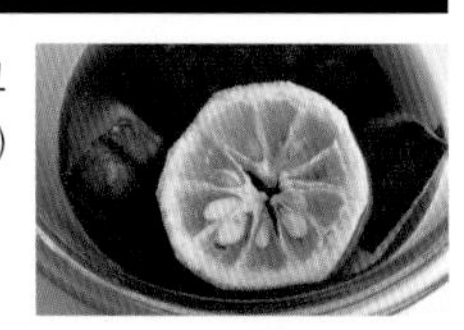

1 볼에 소스 재료를 섞고 둥글게 썬(또는 껍질만 있는) 유자를 넣는다.

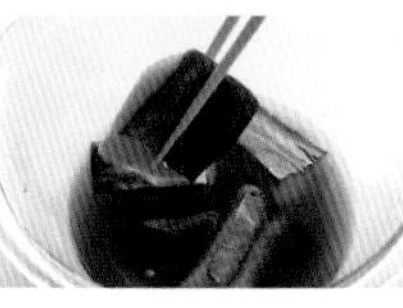

2 삼치를 소스에 15분 담그고 체에 밭쳐 물기를 뺀다. 토막이 크면 30분 담근다.

3 예열한 그릴에 넣고 약한 불에서 굽는다. 중간에 붓솔로 소스를 고루 묻혀가며 굽는다. 마지막에 맛술을 바르고 마를 정도로 구워 윤기를 낸다.

# 두반장을 넣은 방어 양념구이

**재료 (2~4인분)**

방어 … 40g × 4토막

**두반장소스** 1:1:1

- 간장 … 40㎖ → 1
- 청주 … 40㎖ → 1
- 맛술 … 40㎖ → 1
- 대파 … 20g
- 두반장 … 1작은술

맛술 … 적당량

**만드는 법**

**1** 볼에 소스 재료와 다진 대파를 섞은 다음 두반장을 조금씩 넣어가며 푼다.

**2** 방어를 넣어 15분 담그고 체에 밭쳐 물기를 뺀다. 토막이 크면 30분 담근다.

**3** 예열한 그릴에 넣고 약한 불에서 굽는다. 중간에 붓솔로 소스를 고루 묻혀가며 굽는다. 마지막에 맛술을 바르고 마를 정도로 구워 윤기를 낸다.

# 깨를 넣은 금눈돔 양념구이

**재료 (2~4인분)**

금눈돔 … 40g × 4토막

**깨소스** 1:1:1

- 간장 … 40㎖ → 1
- 청주 … 40㎖ → 1
- 맛술 … 40㎖ → 1
- 참깨 페이스트 … 30g

맛술 … 적당량

**만드는 법**

**1** 볼에 소스 재료를 섞고 참깨 페이스트를 조금씩 넣어가며 푼다.

**2** 금눈돔을 넣어 15분 담그고 체에 밭쳐 물기를 뺀다. 토막이 크면 30분 담근다.

**3** 예열한 그릴에 넣고 약한 불에서 굽는다. 중간에 붓솔로 소스를 고루 묻혀가며 굽는다. 마지막에 맛술을 바르고 마를 정도로 굽고 윤기를 낸다.

절이는 시간을 자유자재로 조절할 수 있는

# 삼치 된장절임구이

생선에 된장의 좋은 향을 입히는 된장절임구이는 주로 기름진 생선으로 합니다. 음식점에서는 양념된장용으로 달고 순한 풍미의 교토 백된장으로 고급스럽게 만들지만, 가정에서는 구하기 어려워 달고 구수한 신슈된장으로 소개합니다. "양념된장은 몇 번 사용할 수 있나요?"라는 질문을 자주 듣는데, 거즈에 끼워 절이면 생선에 된장이 들러붙지 않아 적어도 세 번은 쓸 수 있습니다. 양념된장에 그대로 절이면 양념된장이 조금씩 줄어들기 때문에 두 번 정도 가능합니다. 양념된장의 수분량에 따라 절이는 시간을 조절할 수도 있습니다. **빨리 절이고 싶으면 청주를 넣어 묽게 하고, 시간을 들여 절이고 싶으면 수분을 줄여 단단하게 합니다.** 된장은 수분과 함께 침투하기 때문에 수분을 더하거나 빼는 방법을 활용하는 겁니다.

**재료 (2인분)**

**삼치 … 40g × 4토막**
**소금 … 적당량**

**◘ 양념된장**
- **신슈된장 … 200g**
- **청주 … 30㎖**
- **맛술 … 20㎖**

**맛술 … 적당량**

교토 백된장(사이쿄된장)이 있으면 더 부드럽게 양념된장을 만들 수 있습니다. 맛이 달기 때문에 맛술의 양을 조금 줄이고 오래 절입니다.

### 1 삼치에 소금을 뿌리고 물에 씻는다

바트에 소금을 뿌리고 삼치 토막을 얹는다. 위에도 소금을 뿌리고 20분 두었다가 물에 씻고 키친타월로 수분을 닦아낸다.

### 2 양념된장을 만들어 절인다

볼에 신슈된장을 넣고 청주와 맛술을 섞어 양념된장을 만든다. 생선토막이 딱 들어가는 크기의 바트에 양념된장을 전체 양의 절반보다 조금 적게 편다.

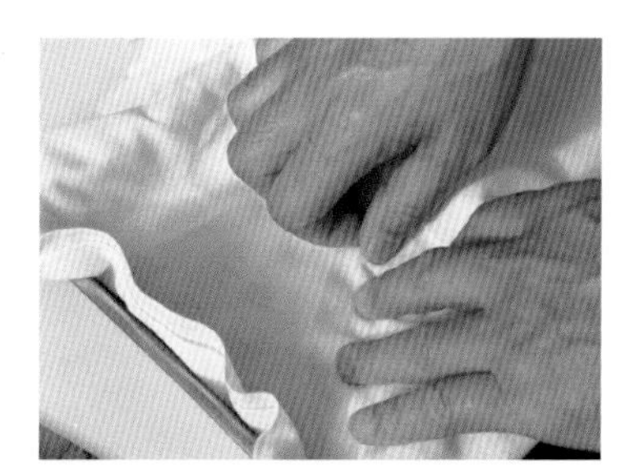

### 3 거즈를 두 겹으로 얹는다

거즈를 두 겹으로 하여 **2**의 양념된장 위에 깔고 네 귀퉁이까지 꼼꼼히 누른다.

> 거즈를 한 겹만 쓰면 빨리 절여지고 네 겹으로 두껍게 깔면 절이는 시간이 길어지니 주의하세요.

### 4 삼치를 늘어놓는다

거즈에 **1**의 삼치를 띄엄띄엄 늘어놓고 두 겹의 거즈를 덮는다.

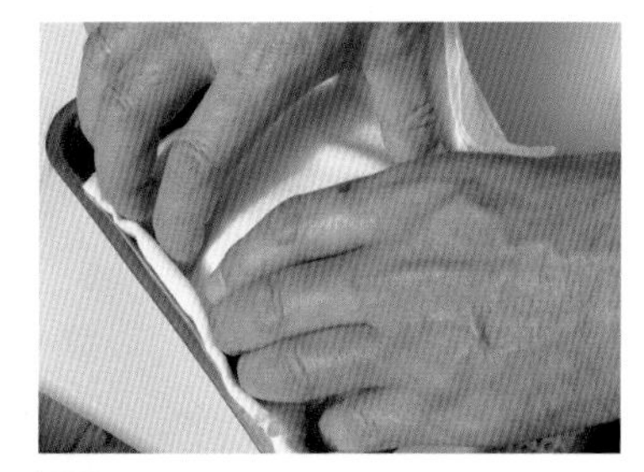

### 5 거즈를 삼치에 밀착시킨다

덮은 거즈 위에서 손가락으로 가볍게 누른다. 네 귀퉁이까지 확실히 눌러 삼치에 밀착시킨다. 이렇게 하면 위에 얹는 양념된장으로 전체가 빈틈없이 절여진다.

### 6 위에서 양념된장을 바른다

남은 양념된장을 스패출러로 빈틈없이 네 귀퉁이까지 바른다.

> 생선을 양념된장에 끼우는 모양이 되는데, 양념된장은 위쪽에 더 많이 발라야 합니다. 인력의 법칙으로 자연스럽게 된장이 위에서 아래로 스며듭니다.

### 7 냉장고에서 한나절 정도 절인다

바트에 랩을 씌우고 냉장고에 넣어 한나절 정도 절인다.

> 거즈를 깔지 않고 양념된장에 직접 절인다면 절이는 시간을 조금 줄여야 합니다.

### 8 삼치를 꺼내 굽는다

삼치에 덮은 양념된장을 거즈째 벗긴다. 삼치에 투명감이 나고 된장색이 스며들어 있다. 예열한 그릴에 삼치를 늘어놓고, 약한 불에서 뭉근히 굽는다. 타지 않도록 주의한다.

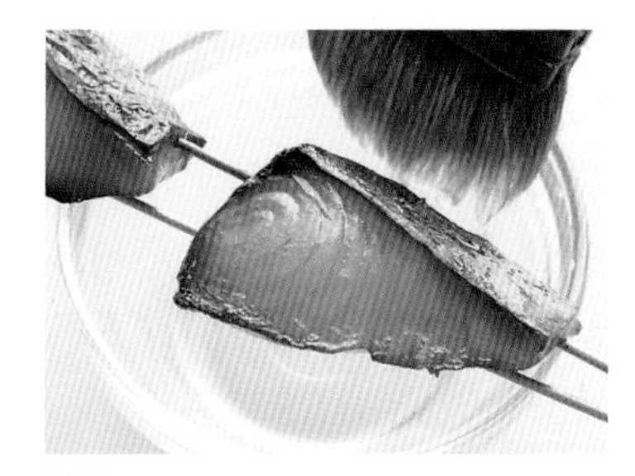

### 9 맛술을 바른다

다 구워지면 꺼내서 붓솔로 맛술을 얇게 바르고 마를 정도로 구워 윤기를 낸다.

# 된장절임구이 응용 편

## ❶ 양념된장 응용 3단계

양념된장은 수분이 많으면 빨리 절일 수 있는 반면, 수분을 줄이면 오래 절여야 합니다.
상황에 맞게 만들 수 있어 편리한 것이 바로 양념된장입니다.

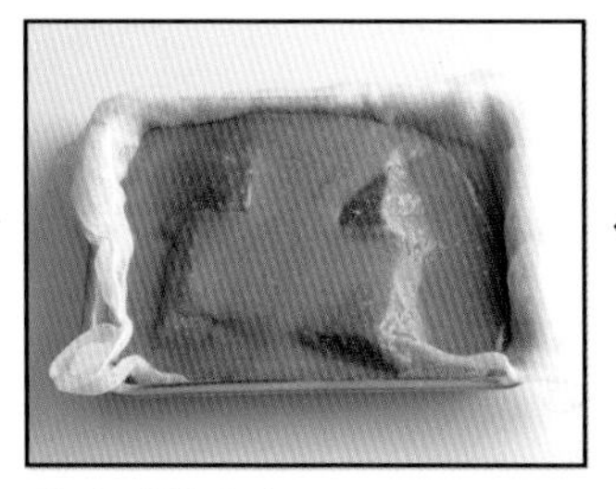

**빨리 절인다면**

청주 100㎖에 된장 200g을 섞어 부드럽게 만든다.

**기본 절임**

수분 50㎖(청주 30㎖ + 맛술 20㎖)에 된장 200g을 섞는다.

**오래 절인다면**

양념된장 300g에 수분을 섞지 않고 꾸덕꾸덕한 상태로 쓴다.

## ❷ 양념된장 + 술지게미

양념된장에 술지게미 100g 정도를 넣으면 된장의 풍미를 손상시키지 않으면서도 단맛과 감칠맛이 더해져 깊은 맛이 납니다. 구웠을 때 더 촉촉하고 윤기가 나서 보기에도 맛있습니다. 각진 판 모양의 술지게미도 좋은데, 페이스트 상태의 술지게미를 쓰면 양념된장이 좀 더 맛있습니다.

### Chef's voice

된장절임구이는 프라이팬에서도 구울 수 있습니다. 프라이팬에 바로 구우면 아랫면이 금세 타버리니 열이 통하는 오븐시트를 추천합니다. 된장절임구이는 물기를 빼서 수분이 적기 때문에 껍질을 아래로 두고 뚜껑을 덮어 찌듯이 굽는 것이 요령입니다. 그러면 통통하게 구워집니다. 뚜껑을 덮지 않으면 생선살이 퍽퍽해지니 주의하세요.

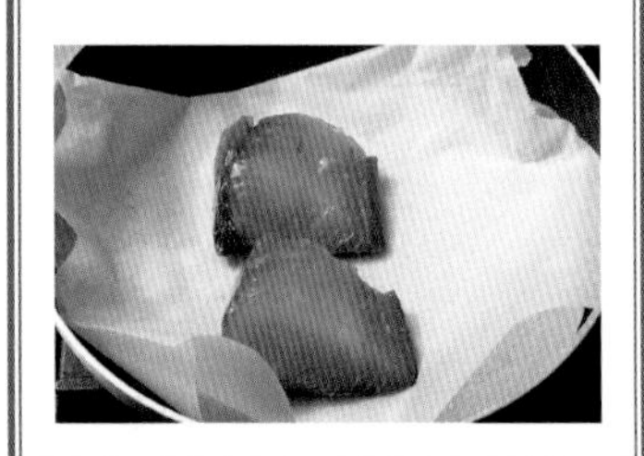

# 소고기 스테이크를 저온에서 굽는 이유

소고기는 기름이 녹고 육즙을 듬뿍 머금은 촉촉한 상태가 가장 맛있습니다. 한입 베어 물면 지방의 단맛과 고기의 감칠맛이 입안에 가득 퍼지죠. 그래서 저는 소고기 스테이크를 약한 불에서 뭉근히 가열하는 것을 중시합니다. 신선하고 감칠맛 도는 소고기를 구할 수 있는 요즘 시대이기에 가능한 일이긴 합니다.

그렇다면 왜 약한 불에서 구워야 할까요? 조금 어려운 이야기인데, 미오신이라는 단백질은 40~60℃에서 감칠맛 성분의 아미노산으로 바뀝니다. 그 온도대를 천천히 통과시키면 아미노산, 즉 감칠맛의 양이 증가합니다. 그래서 차가운 프라이팬에 넣고 약한 불에 올려 서서히 온도를 높여가면서 굽는 것입니다. 예열해두지 않아도 되는 불소수지코팅 프라이팬을 추천하는 이유이기도 합니다.

소고기의 지방은 50℃에서 녹기 시작하는 동시에 단백질이 익습니다. 80℃ 가까이 되면 완전히 익어 딱딱해지고 육즙이 나옵니다. 그래서 40~75℃(중심 온도는 약 65℃)를 유지하면서 구워야 합니다. 소고기 색이 변하면 뒤집고, 뒷면도 색이 변하면 다 구워졌다는 뜻입니다. 이때가 딱 알맞게 가열한 상태입니다. 그러고 나서 표면에 구운 향을 내면 완성입니다.

## 일본식 스테이크

**재료 (2인분)**

**스테이크용 소고기 … 150g × 1장**
**소금 … 적당량**
**후추 … 적당량**
**쇠기름 … 적당량**

**◎ 고명**
- **물기를 가볍게 짠 무즙 … 30g**
- **생강즙 … 5g**
- **영귤 … ½개**
- **차조기잎 … 1장**
- **미역 … 적당량**

**간장 … 적당량**

**준비**

⊙스테이크용 소고기는 상온에 둔다.

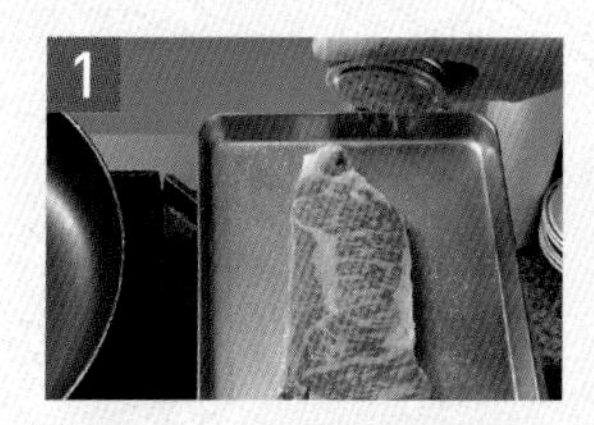

**1 소고기에 소금과 후추를 뿌린다**

바트에 소금과 후추를 뿌리고 소고기를 얹는다. 위에도 소금과 후추를 뿌린다.

소고기는 생선과 달라 미리 소금을 뿌려두면 맛있는 육즙이 나옵니다. 밑간은 굽기 직전에!

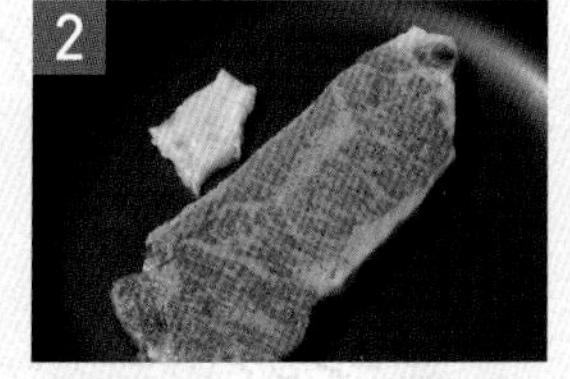

**2 약한 불에서 굽는다**

불소수지코팅 프라이팬에 소고기, 쇠기름을 함께 넣어 약한 불에 올린다. 중간중간 뒤집어서 구운 색을 확인한다.

칙칙 소리가 나면 불이 너무 세다는 뜻! 아주 조용하게 구워야 합니다.

**3 구운 색이 나면 뒤집는다**

천천히 굽다가 겉의 색이 바뀌면 뒤집어서 뒷면도 천천히 굽는다.

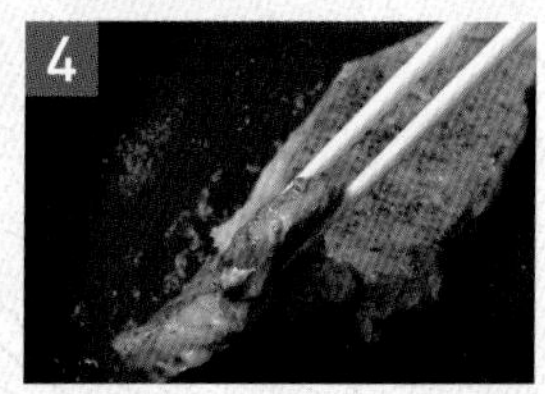

**4 완성**

고기의 단면을 확인했을 때 안쪽이 덜 익고 겉에만 살짝 구워진 상태면 완성이다. 고기를 꺼내고 프라이팬을 센 불로 달군 후 구운 고기를 다시 넣는다. 양면 모두 겉에만 구운 향을 입히고 재빨리 불에서 내린다. 도마에 올려 칼을 눕혀서 비스듬히 썬다. 그릇에 담고 고명과 간장을 곁들인다.

바로 만들어 먹는 달걀말이
식어도 맛있는 달걀말이

달걀말이는 저온 조리
달걀이 단단해지기 전, 반숙일 때 돌돌 만다

# 달걀말이 2종

## 달걀이 반숙일 때 마는 것이 비법

수분이 있어 부드러운 달걀말이는 달걀의 맛이 나야 맛있습니다. 그러기 위한 비법은 딱 하나, '반숙일 때 조리하기'입니다. 달걀은 단단해질 때까지는 어떤 모양이든 잡기 쉽지만 **80℃ 정도에서 단단해지기 시작하면 점점 수분이 나와 금세 퍽퍽해집니다.** 그러면 원하는 모양으로 만들 수 없을뿐더러 맛도 없습니다. 극단적으로 말하면 '익으면 안 되는 재료'가 바로 달걀입니다.
그래서 달걀말이는 달걀물이 반숙일 때 말아야 합니다. 이때는 70℃ 이하이므로 원하는 대로 모양을 말 수 있고, 조금 부서져도 프라이팬 안에서 모양을 잡거나 김발로 말아 정돈할 수 있습니다. 잔열로 속이 익으면서 달걀끼리 서로 엉겨 붙는 성질을 이용하는 것이지요. 우리 입에 들어갈 때쯤 달걀말이는 딱 알맞게 단단해지고 촉촉해집니다.

## 상황에 맞게 간을 바꿀 수 있다

소개하는 '바로 만들어 먹는 달걀말이' '식어도 맛있는 달걀말이'의 차이는 무엇일까요? 바로 달걀에 넣는 수분과 재료가 다릅니다. 도시락 반찬처럼 **달걀을 식은 상태에서 먹으면 감칠맛이 잘 느껴지지 않습니다.** 그래서 달걀물에 육수와 설탕을 넣어 감칠맛과 단맛을 더합니다. 바로 만들어 먹는다면 우스구치간장이 더 어울립니다. 그러면 달걀의 풍미를 담백하게 맛볼 수 있습니다. 이 책에서는 달걀말이 부재료로 파드득나물 또는 실파를 썼지만, 감칠맛이 강한 토마토를 작게 잘라 넣는 방법도 추천합니다. **고기나 생선을 너무 오래 익히면 맛이 없는데 달걀은 특히 그렇습니다.** '달걀은 오래 익히지 않는다'는 점을 잘 기억해두세요.

### ◆ 바로 만들어 먹는 달걀말이

**재료 (만들기 쉬운 분량)**

달걀 … 3개
물 … 50㎖
우스구치간장 … ½큰술
파드득나물 … 5개분
후추 … 적당량
샐러드유 … 적당량
소메오로시 (무즙 + 간장) … 적당량

### ◆ 식어도 맛있는 달걀말이

**재료 (만들기 쉬운 분량)**

달걀 … 3개
육수 (➡ p.11) … 50㎖
설탕 … 1큰술
우스구치간장 … ½큰술
실파 … 1개분
샐러드유 … 적당량

육수는 1번째든 2번째든 OK. 동량의 물에 푼 우유나 두유도 육수로 훌륭합니다.

**공통 준비**

⊙ 가스레인지 근처에 젖은 행주를 준비한다.

달걀말이 2종 만드는 법

### 1 달걀물을 만든다

볼에 달걀을 풀고 물, 우스구치간장, 후추를 넣는다. 큼직하게 썬 파드득나물도 섞는다.

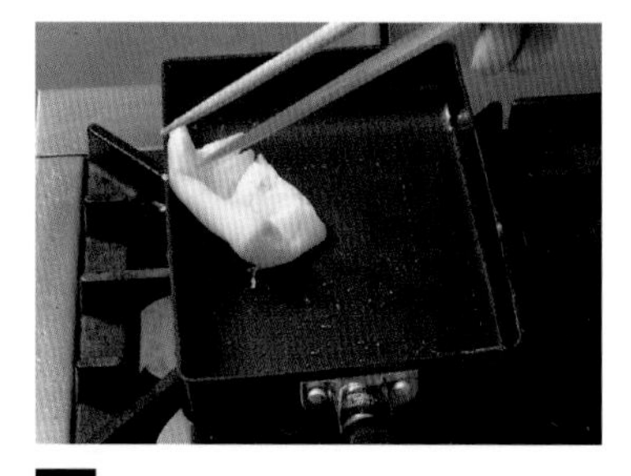

### 2 프라이팬에 기름을 바른다

달걀말이용 프라이팬을 강한 중간 불에서 달구고 키친타월에 샐러드유를 적셔 얇게 바른다.

구운 자국이 나지 않도록 프라이팬을 움직이면서 균일하게 달굽니다.

### 3 프라이팬의 온도를 식힌다

일단 젖은 행주 위에 프라이팬의 바닥을 대고 온도를 낮춘다.

### 4 굽기 시작한다

3을 다시 불에 올린다. 1의 ⅓을 흘려 넣고 전체적으로 펼친다.

### 5 거품이 나면 젓가락으로 터뜨린다

여기저기 큰 거품이 나면 재빨리 젓가락으로 터뜨려 달걀물을 균일하게 펼친다.

달걀이 단단해지기 전, 아직 반숙일 때는 모양을 정돈할 수 있습니다.

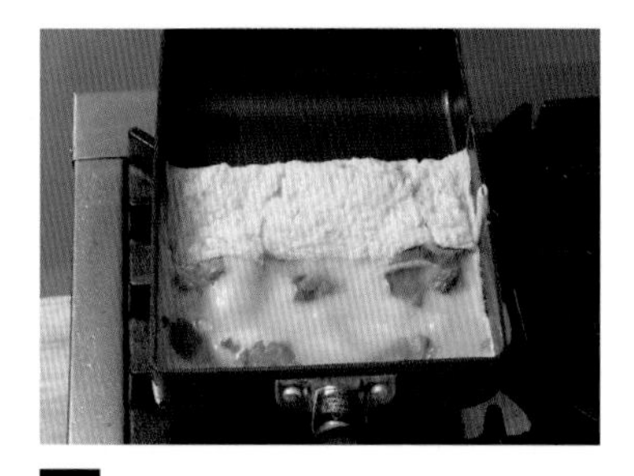

### 6 1번째로 만다

달걀물 가장자리가 익기 시작하면 가운데는 반숙 상태다. 위쪽부터 젓가락으로 떼어내고 접어서 앞쪽으로 ⅓ 지점까지 만다. 다시 한 번 만다.

이때도 달걀이 반숙 상태여야 합니다.

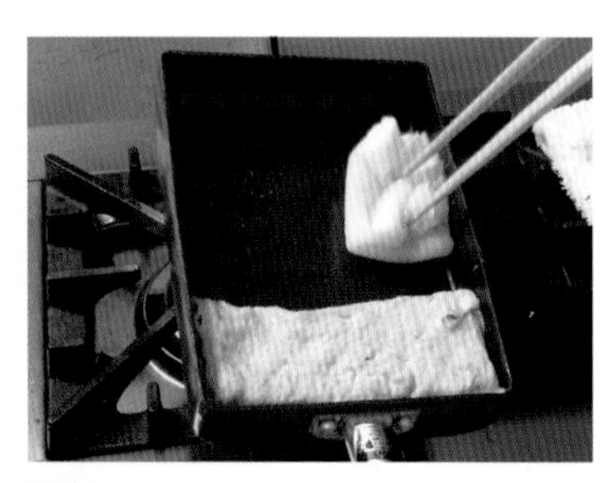

### 7 프라이팬에 기름을 바르고 위쪽으로 옮긴다

위쪽의 빈 부분에 키친타월에 적신 샐러드유를 얇게 바르고 달걀말이를 위쪽으로 옮긴다.

너무 익지 않도록 재빨리 움직이세요.

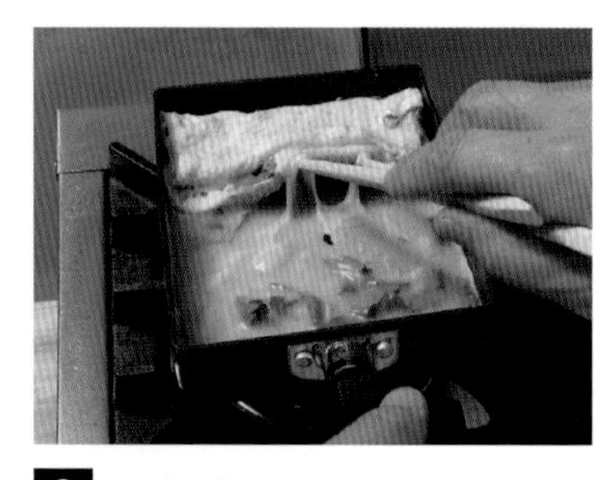

### 8 달걀물을 넣는다

빈 앞쪽에 샐러드유를 얇게 바르고 남은 달걀물의 절반을 흘려 넣는다. 위쪽의 달걀말이를 들어 올려 아래에도 구석구석 흘린다.

### 9 2번째로 만다

5~7을 반복하여 2번째로 말고 달걀말이를 위쪽으로 옮긴다.

**10 3번째로 만다**

달걀물을 조금 남기고 흘려 넣어 전체적으로 펼친다. 5~7을 반복하여 3번째도 말고 달걀말이를 위쪽으로 옮긴다.

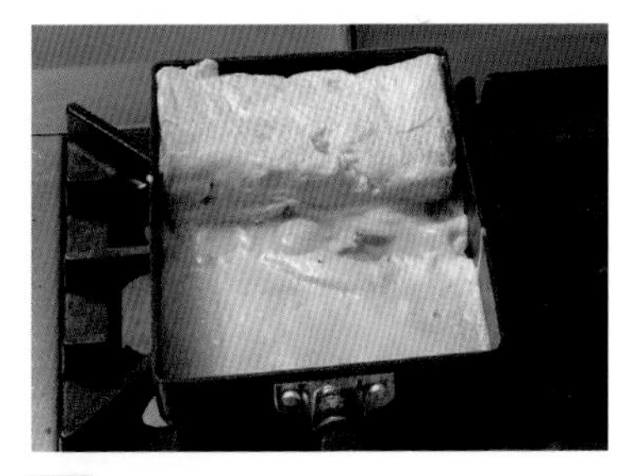

**11 마지막으로 막을 한 겹 굽는다**

매우 약한 불로 줄이고 남은 달걀물을 흘려 아주 얇게 펼친다. 달걀말이를 위쪽에서 앞쪽으로 만다. 위쪽으로 밀고 뒤집어서 윗면도 가볍게 굽는다.

**12 모양을 정돈한다**

모양을 정돈한다. 그릇에 담고 무즙에 간장을 조금 두른 소메오로시를 곁들인다.

## 식어도 맛있는 달걀말이

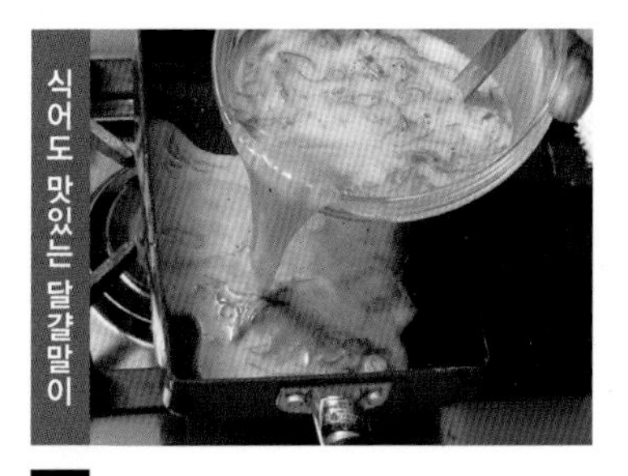

**1 달걀물을 만들고 굽는다**

볼에 달걀을 풀고 육수, 설탕, 우스구치간장, 송송 썬 실파를 넣어 섞는다. 40페이지의 2~3과 똑같이 달걀말이 프라이팬을 준비한다. 프라이팬을 다시 불에 올린 후 달걀물의 ⅓을 흘려 넣고 전체적으로 펼친다.

**2 거품이 나면 젓가락으로 터뜨린다**

여기저기 큰 거품이 나면 재빨리 젓가락으로 터뜨리고 달걀물을 균일하게 펼친다.

**3 1번째로 만다**

달걀물 가장자리가 익으면 가운데는 반숙 상태다. 위쪽부터 젓가락으로 떼어내고 접어서 앞쪽으로 ⅓ 지점까지 만다. 다시 한번 만다. 다음 순서는 40페이지의 7과 같다.

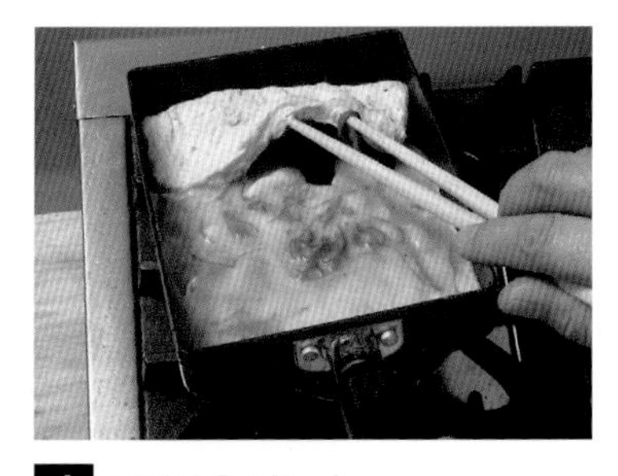

**4 달걀물을 넣는다**

빈 앞쪽에 샐러드유를 얇게 바르고 1의 남은 달걀물의 절반을 흘려 넣는다. 위쪽의 달걀말이를 들어 올려 아래에도 구석구석 흘린다. 다음 순서는 40페이지의 9~41페이지의 10과 같다.

**5 마지막으로 막을 한 겹 굽는다**

매우 약한 불로 줄이고 남은 달걀물을 흘려 얇게 펼친다. 달걀말이를 위쪽에서 앞쪽으로 만다. 위쪽으로 밀고 뒤집어 윗면도 가볍게 굽는다. 모양을 정돈하면 완성이다.

이 과정을 거치면 표면이 아주 매끄럽습니다.

### Chef's voice

달걀말이의 모양이 마음에 들지 않으면 뜨거울 때 김발로 말아 잠깐 두면 예쁜 모양으로 고정할 수 있습니다. 그래도 예쁘지 않다면 두툼한 조미김으로 말아서 한입 크기로 썰면 모양을 커버할 수 있습니다.

먹음직스럽게 튀기는 비밀은 튀김옷에 있다!

# 새우튀김

## 익은 튀김옷을 쓰면 어려운 튀김도 간단해진다

가정에서 '어느 정도까지 튀긴 다음 건져야 할까?'를 고민한 적이 있을 것입니다. 이 문제를 해결할 수 있는 방법이 있습니다. 바로 **익은 재료로 튀김옷을 만드는 것**입니다. 빵가루나 아라레, 크래커 등으로 튀김옷을 만들면 요리가 훨씬 간단해집니다.

튀김요리는 튀김옷과 재료가 둘 다 잘 익어야 해서 어렵습니다. 그런데 이 튀김옷이 이미 익었다면 재료에 딱 알맞게 가열만 하면 되겠지요? 새우나 오징어처럼 빨리 익혀서 부드럽고 촉촉하게 먹어야 하는 재료는 특히 그렇습니다. 익은 튀김옷을 사용하는 방법은 누구나 편하게 수영할 수 있는 튜브를 착용한 것과 같다고 할 수 있습니다.

튀김요리는 참 어렵습니다. 밀가루를 물에 풀어 갠 튀김옷을 익히고 수분을 날리면서 부재료가 타지 않도록 주의해야 하니까요. 재빨리 익혀야 하는 재료일수록 더 어렵기 마련입니다.

## 튀길 때 주의할 점

실제로 튀길 때의 포인트는 무엇일까요? **재료를 기름에 넣었다면 뒤적거리지 않아야 합니다.** 재료가 기름 안에서 전체적으로 익으니 가만히 두어도 괜찮습니다. 계속 뒤적이면 튀김옷이 벗겨질 수 있습니다. 재료가 익으면 자연스럽게 떠오르는데, 그것이 완성되었다는 뜻입니다. 그런데 몇 가지 주의할 점이 있습니다. 신비키가루나 아라레는 빨리 떠오르므로 바로 건지지 말고 조금 기다려야 합니다. 콘플레이크는 단맛이 나서 잘 탈 수 있으니 기름 온도를 낮춰서 요리해야 합니다.

소개하는 새우튀김은 덴쓰유(튀김을 찍어 먹는 양념간장)에 찍지 않고 그대로 먹는 요리이니 따끈따끈할 때 소금을 뿌립니다. 그러면 고유의 맛이 살아납니다. 처음부터 재료에 소금을 뿌려두면 딱딱해지니 주의하세요. 마지막에 뿌리는 것이 좋습니다.

**재료 (만들기 쉬운 분량)**

새우 … 10마리

◘ 튀김옷
- 도묘지가루 … 적당량
- 신비키가루 … 적당량
- 아라레 … 적당량
- 콘플레이크 … 적당량
- 크래커 … 적당량

달걀흰자 … 2개
박력분 … 적당량
튀김유 … 적당량
소금 … 적당량

【튀김옷 5종】

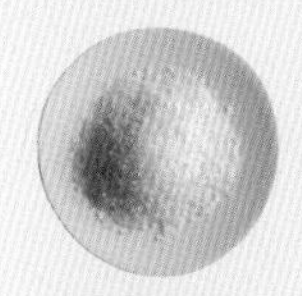

**도묘지가루**
찹쌀을 쪄서 말린 것

**신비키가루**
도묘지가루를 갈아 볶은 것

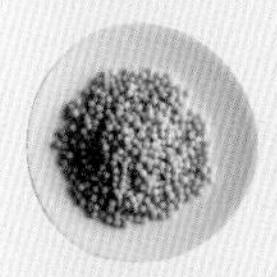

**아라레**
아주 작게 자른 찹쌀떡을 튀긴 것

**콘플레이크**
물에 이긴 옥수수가루를 가열하고 말려서 볶은 것

**크래커**
짠맛이 강한 비스킷

새우튀김 만드는 법

**1 튀김옷을 부순다**

콘플레이크와 크래커는 손으로 잘게 부순다. 이렇게 해야 새우에 잘 묻고 식감도 좋다.

**2 새우 껍질을 벗기고 내장을 제거한다**

새우는 껍질을 벗기고 등 쪽에 가로로 칼집을 낸 다음 칼끝으로 내장을 제거한다.

**3 손질한 새우를 가볍게 씻는다**

볼에 물을 넣고 새우를 담가 가볍게 씻어 비린내를 없앤다.

소금물에 씻으면 간이 배니 주의! 일반 물을 사용합니다.

**4 물기를 닦아낸다**

타월에 얹고 위에서 가볍게 눌러 물기를 제거한다. 단, 세게 누르지 않도록 주의한다.

**5 새우의 모양을 잡는다**

새우를 둥글게 말아 모양을 잡고 이쑤시개를 꽂는다.

**6 달걀흰자를 천에 거른다**

달걀흰자를 천에 걸러서 끈적이지 않게 만든다. 이렇게 하면 재료에 고루 묻힐 수 있다.

**7 새우에 박력분과 달걀흰자를 입힌다**

**5**의 새우에 붓솔로 가볍게 박력분을 묻히고 달걀흰자에 굴려 고루 입힌다.

달걀흰자는 튀김옷을 입히기 위한 밑작업입니다. 전체적으로 균일하게 입히세요.

**8 튀김옷을 입힌다**

5종의 튀김옷을 새우 2마리씩 입힌다.

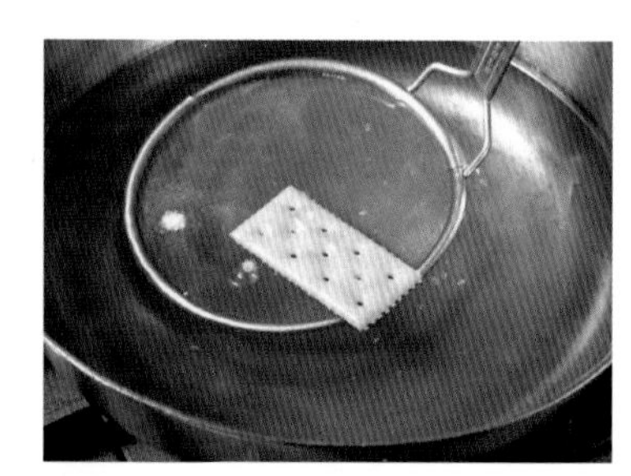

**9 튀김유를 준비한다**

튀김냄비에 기름을 넣고 160℃ 정도로 가열한다. 크래커를 넣어봐서 기포가 조금 나는 정도가 적당하다.

익은 튀김옷은 수분이 적고 잘 타므로 일반 튀김 온도인 170~180℃보다 낮은 온도에서 튀깁니다.

**10 튀기기 시작한다**

9에 콘플레이크 튀김옷 외의 새우를 넣는다. 넣고 바로 가라앉았다가 기포가 조금 나는 정도.

**11 완성**

떠오르면 다 튀겨졌다는 뜻이자 새우가 익었다는 증거이기도 하다. 너무 익히면 맛이 없으니 오래 튀기지 않는다.

이 튀김은 색을 내지 않습니다.

**12 식힘망에 얹고 소금을 뿌린다**

재빨리 꺼내 식힘망에 얹는다. 바로 소금을 뿌려 간을 하고 기름기를 뺀다.

**13 콘플레이크 튀김옷을 튀긴다**

기름 온도를 조금 낮추고 콘플레이크 튀김옷을 입힌 새우를 넣는다.

콘플레이크는 잘 타기 때문에 기름 온도를 조금 낮추세요.

**14 떠오르면 건진다**

가라앉은 새우가 떠오르면 완성. 건져서 식힘망에 얹고 소금을 뿌린다.

크래커 튀김 응용 레시피

## 새우 크래커 샌드 튀김

손이 조금 가지만 근사한 접대용 튀김을 만들어보겠습니다. 재료는 새우 크래커 튀김과 거의 같지만 모양은 완전히 다릅니다.

**재료 (2인분)**

새우 … 4마리
크래커 … 6장

튀김옷
- 박력분 … 50g
- 물 … 70㎖

박력분 … 적당량
소금 … 적당량
튀김유 … 적당량

**만드는 법**

1 새우는 44페이지 2~4와 똑같이 밑손질을 하고 칼로 두드려 잘게 다진다.

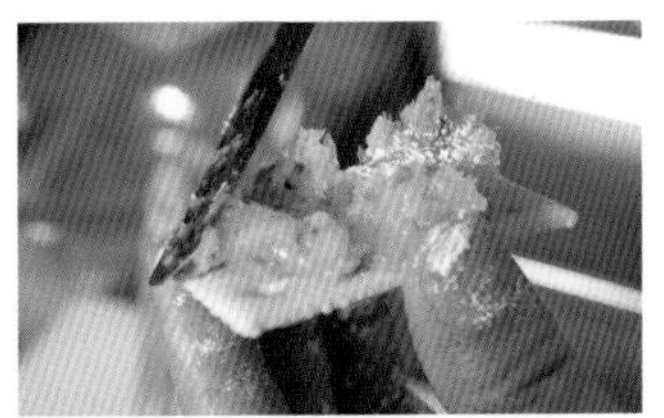

2 크래커에 붓솔로 얇게 박력분을 입히고 1을 바른다. 크래커로 덮는다.

3 튀김옷 재료를 섞어 2에 묻히고 160℃에서 튀긴다. 곧 떠오르지만, 크래커에 연한 색이 날 때까지 튀긴다. 소금을 뿌리고 잘라서 그릇에 담는다.

# 구이에 계절감을 얹는
# 곁들임 채소

일식은 계절감을 중시합니다. 심플하게 구운 생선이나 고기에 계절 채소를 조금 곁들이기만 해도 색감이 예쁘고 운치 있는 요리가 완성됩니다. 메인을 돋보이게 하는 역할로도 중요한 곁들임 채소를 소개합니다. 곁들임 채소는 메인요리 앞의 오른쪽에 담는 것이 기본입니다.

## 봄

### 겨자 간장 유채절임

유채를 소금물에 살짝 데치고 절임액(육수 7 : 간장 1 : 청주 1 + 겨자)에 담근다. 육수는 1번째나 2번째를 쓴다. 물기를 짜고 그릇에 담는다.

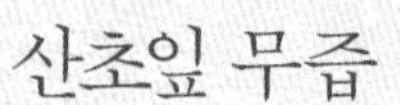

### 산초잎 무즙

무를 갈고 체에 넣어 물에 살짝 담갔다가 가볍게 물기를 짠다. 무즙에 다진 산초잎을 섞는다. 산처럼 볼록하게 그릇에 담는다.

## 여름

### 오이절임

오이를 송송 썰고 염도 1.5%의 소금물(물 500㎖ + 소금 7.5g)에 담근다. 오이가 절여지면 물기를 짜고 볶은 흰깨를 뿌린다.

### 생강절임

생강을 칼로 모양을 다듬어 살짝 데친다. 단식초(식초 50㎖ + 물 50㎖ + 설탕 1큰술 + 소금 소량)에 담근다.

## 가을

### 유자 무절임

무를 막대 모양으로 썰고 염도 1.5%의 소금물(물 500㎖ + 소금 7.5g)에 담근다. 무가 절여지면 물기를 짜고 절임액(물 3 : 식초 2 : 소금 0.2)에 무와 채 썬 유자 껍질을 담근다.

### 구운 밤

밤조림(병조림)의 물기를 제거하고 그릴에서 노릇노릇해질 때까지 굽는다.

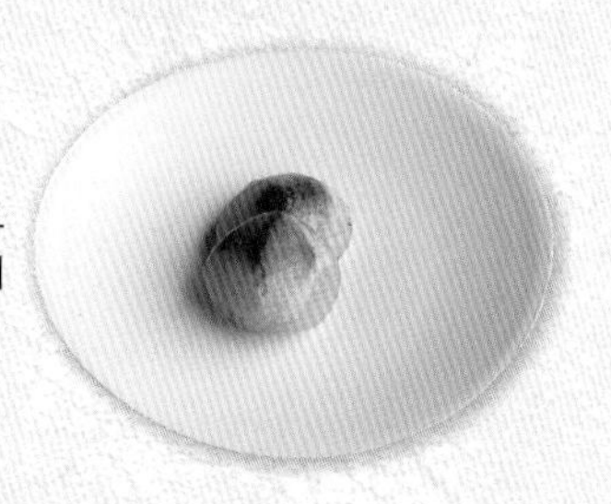

## 겨울

### 매화 모양 마절임

마를 매화 모양으로 다듬고 염도 1.5%의 소금물(물 500㎖ + 소금 7.5g)에 담근다. 마가 절여지면 물기를 짜고 단식초(식초 50㎖ + 물 50㎖ + 설탕 1큰술 + 소금 소량)에 송송 썬 고추 소량과 함께 담근다.

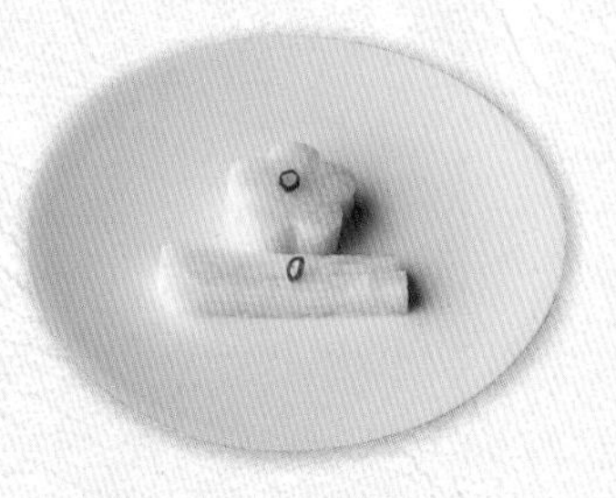

### 귤무침

마는 칼로 잘게 두드리고 감귤류 과육(오렌지, 귤, 금귤을 얇게 썬 것)을 섞는다.

제 2 장

# 조림

조림에는 집밥다운 맛이 살아 있습니다.

끓일 때의 김이나 향도 맛있는 요리가 되곤 합니다.

오래 익히지 않는, 재료의 맛을 충분히 즐길 수 있는 요리들을 소개합니다.

온 가족이 둘러앉아 먹을 수 있는 냄비요리의 비법도 공개합니다.

심플한 생선조림의 기본 중의 기본
생선에 소금을 뿌려두는

# 삼치 담백 조림

## 요리의 맛이란 재료의 맛이 나는 것

'담백 조림'은 제가 고안한 이름입니다. 일식은 감칠맛이 강하지 않습니다. 간이 담백하여 재료의 맛을 천천히 음미할 수 있지요. 그런 점에서 제 조림요리의 원점은 이 '담백 조림'입니다. '담백 조림'은 생선에 소금을 뿌리는 것이 중요합니다. 재료와 조림국물이 쉽게 통하는 **'맛의 길'을 만들어 단시간에 조림국물에 재료의 감칠맛을 옮겨야 합니다.**
이 '단시간'이 요즘 시대에는 매우 중요합니다. 마트에서 파는 재료는 대부분 신선합니다. 가열해서 살균할 정도로 익힐 필요가 없다는 뜻입니다. **'생선 토막은 5분 이상 끓이지 않아야 합니다'.** 이 방법으로 요리하면 살이 부드럽고 촉촉하며 감칠맛을 듬뿍 머금기 때문에 재료의 맛을 충분히 느낄 수 있습니다. '맛의 길' 덕분에 단시간 가열이 가능하고 누구나 실패 없이 만들 수 있다는 말입니다. 프랑스 미식의 세계에서는 이미 잔열 조리가 유행인데, 일식도 그런 장점은 배워야 합니다.

## '맛의 길'이 있으면 조림국물은 맹물이어도 상관없다

삼치로 조리지만 다른 생선도 괜찮습니다. 어떤 생선이든 조리법은 같거든요. '맛의 길'로 조림국물에 생선의 감칠맛이 옮겨지기 때문에 조림국물에 육수를 쓰지 않아도 됩니다. 물만으로도 충분하다는 얘기입니다. 육수를 넣으면 가다랑어와 다시마의 감칠맛으로 생선의 맛을 느끼지 못할 수 있습니다. 재료 '고유의 맛'을 느낄 수 있다는 점이 일식의 매력인데, 감칠맛도 너무 진하면 질릴 수 있겠지요? 감칠맛이 강하지 않지만 매일 먹고 싶은 맛, 제가 전수하고 싶은 맛입니다.

**재료 (2인분)**

삼치 … 60g × 2토막
소금 … 적당량
생표고버섯 … 2개
대파 … 1개
두부 … 40g × 2개
미역 … 30g
미나리 … ½단

◘ 조림국물 16:1:1
- 물 … 400㎖ ➡ 16
- 우스구치간장 … 25㎖ ➡ 1
- 청주 … 25㎖ ➡ 1
- 다시마 … 5 × 5㎝ × 1장

**준비**

- ⊙생표고버섯은 밑동을 제거한다.
- ⊙대파는 몸통을 5㎝ 길이로 썰고 표면에 두세 군데 어슷하게 칼집을 낸다.
- ⊙미역은 불려서 먹기 좋게 썬다.
- ⊙미나리는 살짝 데쳐서 물기를 빼고 5㎝ 길이로 썬다.

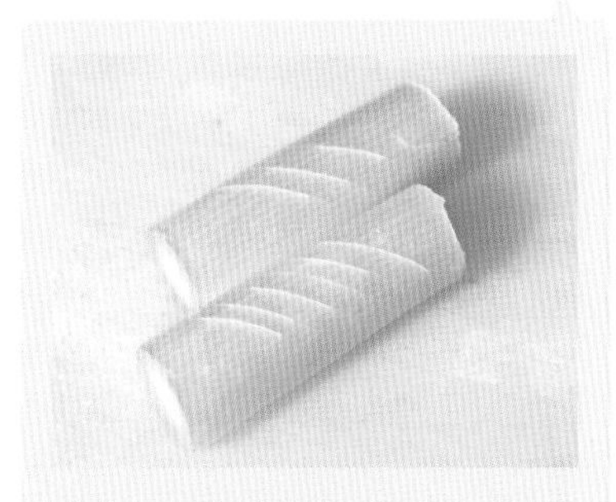

대파는 표면의 섬유질을 자르듯이 어슷하게 칼집을 내면 빨리 익힐 수 있습니다.

## 삼치 담백 조림 만드는 법

### 1 삼치에 소금을 뿌린다

바트에 소금을 뿌리고 삼치를 얹는다. 표면 위에도 소금을 뿌리고 30분 둔다.

소금은 나중에 씻어내므로 양은 신경 쓰지 않아도 됩니다.

### 2 채소를 따뜻한 물에 데친다

냄비에 물을 끓이고 망국자에 생표고버섯과 대파를 얹어 따뜻한 물에 넣는다. 30초 정도 담갔다가 물기를 뺀다.

표고버섯과 대파 특유의 냄새를 잡아두면 맛이 깔끔해집니다.

### 3 삼치를 따뜻한 물에 넣는다

망국자에 삼치를 얹고 2의 물에 넣는다. 하얗게 되면 건진다.

3의 작업은 채소를 데친 2의 냄비에서 해도 OK. 동물성 재료를 먼저 담그면 다시 쓸 수 없으니 마지막에 담급니다. 다른 요리도 마찬가지입니다.

### 4 찬물에 담근다

삼치를 찬물에 넣고 표면의 불순물이나 미끈거리는 점액을 손가락으로 문질러 제거한다.

불순물이 남아 있을 수 있으니 깨끗하게 씻어내야 합니다.

### 5 냄비에 재료를 넣고 끓인다

다른 냄비에 썰어놓은 두부와 4의 삼치, 2의 생표고버섯과 대파, 조림국물 재료를 넣고 중간 불에 올린다.

삼치를 따뜻한 물에 담가서 차가운 조림국물에 끓여야 오래 끓이지 않아도 조림국물에 삼치의 감칠맛이 스며듭니다.

### 6 미역을 넣는다

끓으면 불을 줄이고, 불려서 먹기 좋게 썰어놓은 미역을 넣는다. 끓는 상태를 유지하며 1~2분 더 끓인다.

### 7 완성

삼치가 익고 조림국물에 감칠맛이 배면 완성. 그릇에 담고 살짝 데친 미나리를 얹는다.

'생선이 익으면 조리 끝'이라고 할 정도로 빨리 완성됩니다. '맛의 길'이 있어서 조림국물에 삼치의 감칠맛이 충분히 나온 상태입니다.

저는 '냄비에서 좋은 향이 나면 조리 끝'이라고 이야기하곤 합니다. 끓이는 시간이 짧으니 냄비 안의 상태를 보고 향을 한번 맡아보세요. 맛있을 것 같은 향이 나면 다 익었다는 신호입니다. 그 향을 기억해두세요.

## 【응용】 소금을 뿌린 생선요리

생선에 소금을 뿌려 '맛의 길'을 만들어두면 다양한 요리에 활용할 수 있습니다. 육수를 듬뿍 넣은 면요리나 국물요리도 입안 가득 감칠맛이 퍼지는 맛으로 완성할 수 있습니다.

### 고등어 소면

식욕이 없을 때 또는 야식이 생각날 때 위에 부담 없이 먹을 수 있는 따뜻한 소면. 육수를 우리고 재료를 준비해서 만들면 귀찮지만, 고등어 토막에 소금만 뿌리면 맛있는 국물과 건더기 재료를 한 번에 만들 수 있습니다.

**재료 (2인분)**

- 고등어 … 15g × 4토막
- 소금 … 적당량
- 소면 … 100g
- 생표고버섯 … 2개
- 대파 … 5㎝ × 4개
- 생강 … 10g
- Ⓐ
  - 물 … 600㎖
  - 우스구치간장 … 30㎖
  - 청주 … 10㎖
  - 다시마 … 5 × 5㎝ × 1장
- 청유자 껍질 … 적당량

**만드는 법**

1. 고등어 양면에 얇게 소금을 뿌리고 20~30분 둔다.
2. 생표고버섯은 밑동을 제거하고, 대파는 표면에 비스듬히 칼집을 낸다. 생강은 얇게 썬다.
3. 냄비에 물을 끓이고 망국자에 2를 30초 정도 담갔다가 건진다. 1은 망국자에 얹어 따뜻한 물에 담가 하얗게 만들고 물에 헹궈 물기를 뺀다.
4. 다른 냄비에 Ⓐ와 3을 넣고 중간 불에 올린다. 동시에 또 다른 냄비에 물을 끓이고 소면을 삶는다.
5. 4의 조림국물이 끓으면 삶은 소면을 넣고 한소끔 끓인다. 그릇에 담고 채 썬 청유자 껍질을 곁들인다.

---

### 금눈돔국

생선에 '맛의 길'을 만들면 맛있는 육수를 바로 낼 수 있어서 국도 간단히 만들 수 있습니다. 육수를 내지 않아도 생선의 감칠맛과 다시마로 충분히 맛있습니다. 금눈돔 외에 흰살생선이나 등푸른생선 등 어떤 생선으로도 가능합니다.

**재료 (2인분)**

- 금눈돔 … 30g × 2토막
- 소금 … 적당량
- 새송이버섯 … 2개
- 쑥갓 … 2대
- 청유자 껍질 … 2장
- Ⓐ
  - 물 … 300㎖
  - 우스구치간장 … 약 15㎖
  - 청주 … 5㎖
  - 다시마 … 5 × 5㎝ × 1장

**만드는 법**

1. 금눈돔은 양면에 소금을 얇게 뿌리고 20~30분 둔다.
2. 냄비에 물을 끓이고 새송이버섯의 뿌리 부분을 제거한 후 망국자에 넣어 따뜻한 물에 10초 정도 담갔다가 건진다. 이어서 1을 망국자에 얹어 따뜻한 물에 담가 하얗게 만들고 물에 헹궈 물기를 뺀다.
3. 냄비에 Ⓐ와 2를 넣어 중간 불에 올리고 익으면 쑥갓을 넣는다. 그릇에 담고 얇게 벗긴 청유자 껍질을 곁들인다.

위 그릇_아라가 후미나리(소라), 아래 그릇_하치야 다카유키(소라)

푹 끓이지 않아야 제맛인

# 고등어 된장조림

흰쌀밥의 반찬으로 인기 있는 고등어 된장조림. 이 요리는 고등어의 감칠맛과 된장의 조화를 느낄 수 있어야 합니다. 그래서 **'오래 끓이지 않고'** 촉촉하게 완성해야 맛있습니다. **생선이 신선하니 오래 끓일 필요가 없다**는 말입니다. 푹 끓여서 생선에 된장의 맛을 스며들게 조리하는 방법은 유통이 잘되지 않던 시절, 신선하지 않은 생선을 샀을 때의 조리법입니다. 완전히 익혀서 안전하긴 하지만 생선살이 퍽퍽하고 고등어의 감칠맛이 약해지는 단점이 있습니다. 저의 조리법으로 만들면 주재료인 고등어가 가진 맛이 충분히, 놀라울 정도로 진하게 느껴질 겁니다.

**재료 (2인분)**

**고등어** … 60g × 4토막
**소금** … 적당량
**생강** … 3~4개

**◘ 조림국물**
**물** … 100㎖
**청주** … 100㎖
**시골된장** … 50g (3큰술)
**설탕** … 2큰술
**식초** … 15㎖

**녹말물** (물 1작은술 + 녹말가루 1작은술) … 2작은술
**대파** (시라가네기 ➡ p.55) … 4㎝ × 2개

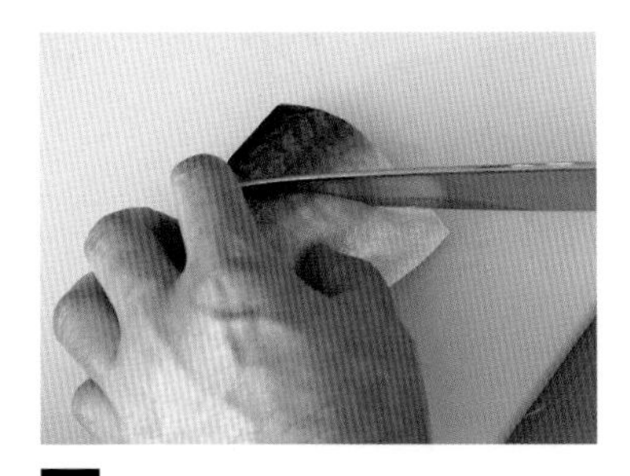

## 1 고등어 껍질에 장식용 칼집을 넣는다

고등어 껍질에 십자 모양의 칼집을 넣는다.

끓는 시간이 짧아 칼집을 넣어 맛이 잘 스며들게 해야 합니다. 모양도 먹음직스럽게 보여서 '장식용 칼집'이라고 합니다.

## 2 고등어의 양면에 소금을 뿌린다

바트에 소금을 뿌리고 1을 얹는다. 위에도 소금을 뿌려 10분 둔다.

이렇게 하면 밑간이 되고 조림국물과 재료를 오가는 '맛의 길'이 생깁니다.

## 3 고등어를 따뜻한 물에 담갔다가 찬물에 헹군다

냄비에 물을 끓이고 생수를 조금 더 넣어 90℃ 정도로 조절한다. 2를 망국자에 얹어 따뜻한 물에 담그고 하얗게 변하면 건진다. 다시 찬물에 넣고 손가락으로 표면을 문지르면서 불순물을 제거한다. 키친타월로 수분을 부드럽게 닦아낸다.

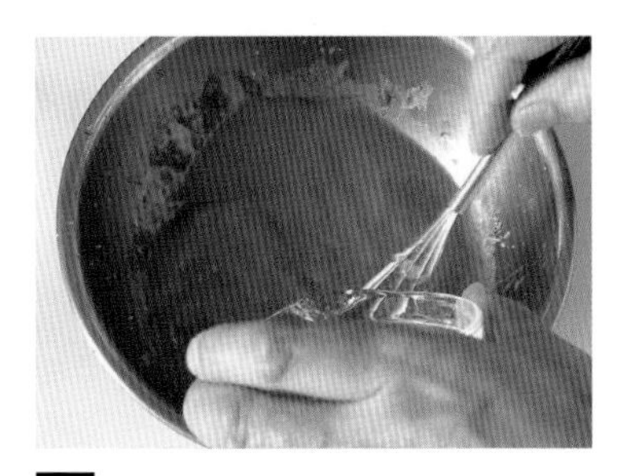

## 4 조림국물을 섞는다

볼에 시골된장을 넣고 설탕을 섞는다. 남은 재료도 조금씩 넣어 푼다.

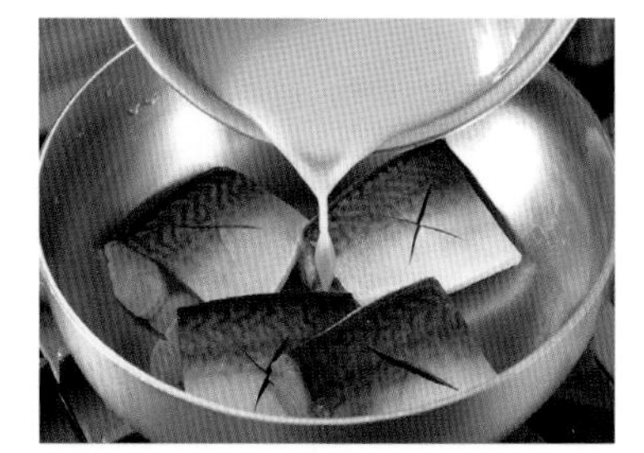

## 5 냄비에 재료를 넣고 끓인다

다른 냄비에 3의 껍질을 위로 가게 두고 4를 붓는다. 뚜껑을 덮고 중간 불에 끓인다.

담은 모습이 예뻐 보이도록 껍질을 위로!

## 6 계속 끓인다

끓으면 약한 불로 줄이고 뚜껑(오토시부타) 주위에 거품이 조금 나는 상태를 유지하면서 보글보글 5분 끓인다.

일단 끓어오르면 불을 약하게 줄이세요.

## 7 고등어를 꺼내고 조림국물을 조린다

조림국물이 절반 정도 줄어들면 고등어를 살살 꺼낸다. 불을 세게 조절하고 얇게 저민 생강을 넣어 조림국물이 ⅓ 정도 될 때까지 조린다.

생강은 향을 살리는 용도입니다! 조리가 거의 끝날 때 넣는 게 포인트.

## 8 걸쭉하게 만든다

조림국물이 가볍게 끓는 상태에서 준비한 녹말물을 넣고 잘 섞는다.

너무 걸쭉하면 완성된 모양이 예쁘지 않아요! 묽어야 합니다.

## 9 고등어를 다시 넣고 조림국물을 묻힌다

조림국물이 가볍게 끓는 상태에서 7의 고등어를 다시 넣고 숟가락으로 고루 조림국물을 끼얹는다. 그릇에 담고 시라가네기를 곁들인다.

얕은 그릇_기소 시마오(소라)

재료의 맛을 충분히 즐기기 위해
'오래 끓이지 않는다'

# 볼락조림

## 오래 끓이면 살이 퍽퍽해진다

요즘 가정에서는 토막을 낸 생선으로 요리를 합니다. 하지만 뼈가 붙어 있는 생선 한 마리를 통째로 요리하면 색다른 맛을 느낄 수 있습니다. 생선 한 마리도 다른 생선조림처럼 오래 끓이지 않아야 합니다. 생선은 푹 끓이면 살이 퍽퍽해져서 맛이 없어진다는 사실을 기억해두세요. 그래서 차가운 조림국물에서 가열하고, 끓으면 적당히 불을 조절해 5분 정도 끓인 후 불에서 내립니다. **생선 한 마리는 10분 이상 끓이지 마세요.** 그다음 조림국물만 조리고 생선을 다시 넣어 끓입니다. 껍질이 살을 덮고 있어서 토막보다 뭉근히 익고 더 촉촉하게 완성됩니다. 젓가락을 넣는 순간 생선살이 벗겨지면서 감칠맛이 입안에 퍼진답니다.

## 조림국물에 청주를 쓰는 이유

오래 끓이지 않으려면 조림국물이 포인트입니다. 조림국물의 양을 조금 적게 잡습니다. 대신 뚜껑을 덮어 조림국물이 냄비 전체에 돌게 하는 방법을 씁니다. 조림국물의 수분 500*ml*에는 물 300*ml*와 청주 200*ml*가 들어가는데, **증발이 잘 되는 청주는 '버리는 물'로 씁니다.** 생선을 끓이는 동안에는 조림국물이 많이 필요하지만, 생선을 꺼낸 후에는 최대한 빨리 조림국물의 양을 줄여야 합니다. 빨리 증발하는 청주를 쓰는 이유입니다. 청주가 증발하면서 비린내도 함께 날아가 깔끔한 맛으로 완성됩니다.
생선조림은 우엉이나 표고버섯과 함께 끓이면 영양 만점 반찬이 됩니다. 식물성과 동물성의 감칠맛이 어우러져 맛도 배가 됩니다. 언제든 만들 수 있는 우엉과 생표고버섯을 썼지만 봄이면 삶은 죽순, 여름에는 가지, 가을에는 삶은 연근 또는 토란, 겨울에는 삶은 무로 대체해도 좋습니다.

**재료 (2인분)**

볼락 … 1마리
우엉 … 5㎝ × 2개
생표고버섯 … 2개
생강 … 1쪽
꼬투리째 먹는 강낭콩 … 4개
대파 … 4㎝ × 2개

**조림국물** 5:1:1

물 … 300㎖ ➡ 5
청주 … 200㎖
간장 … 100㎖ ➡ 1
맛술 … 100㎖ ➡ 1
(취향에 따라) 설탕 … 2큰술

생선 한 마리로 조리했지만, 토막으로도 가능합니다. 삼치, 방어, 금눈돔으로도 만들 수 있는데 끓이는 시간을 조절해야 합니다. 생선 한 마리를 5분 끓였다면 토막은 2~3분이면 충분합니다.

**준비**

- 볼에 얼음물을 준비해둔다.
- 꼬투리째 먹는 강낭콩은 삶아서 반으로 썬다.
- 대파는 시라가네기를 만들어둔다. 대파에 세로로 칼집을 넣어 벌리고 바깥쪽 흰 부분을 도마에 펼쳐 섬유질을 따라 세로로 잘게 썰고 물에 담근다.

볼락조림 만드는 법

## 1 채소를 손질한다

우엉은 세로로 반으로 썰고 나무공이로 두드린다. 생표고버섯은 밑동을 제거한다.

딱딱한 우엉은 두드려서 섬유질을 풀고 표면적을 넓게 만들면 맛이 잘 스며듭니다.

## 2 볼락에 장식용 칼집을 넣는다

볼락의 비늘, 내장, 아가미를 제거한다. 등 근처에 비스듬하게 십자 모양으로 칼집을 넣는다. 뒷면도 똑같이 한다.

이때 미리 소금을 뿌리지 마세요. 껍질에 소금이 스며들지 않아 의미가 없습니다.

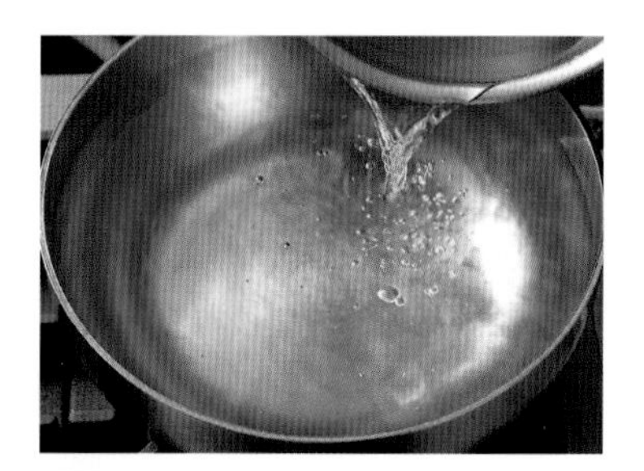

## 3 냄비에 따뜻한 물을 준비한다

냄비에 80℃ 정도의 따뜻한 물을 끓인다.

온도계가 없으면 끓인 물 1ℓ에 생수 300mℓ를 넣으면 80℃ 전후!

## 4 채소와 생선을 따뜻한 물에 데친다

망국자에 1을 넣고 3의 따뜻한 물에 넣어 젓가락으로 풀면서 10초 정도 담갔다가 물기를 뺀다. 이어서 손질한 볼락도 똑같이 한다. 장식용 칼집이 하얗게 되고 등지느러미가 서면 건져낸다.

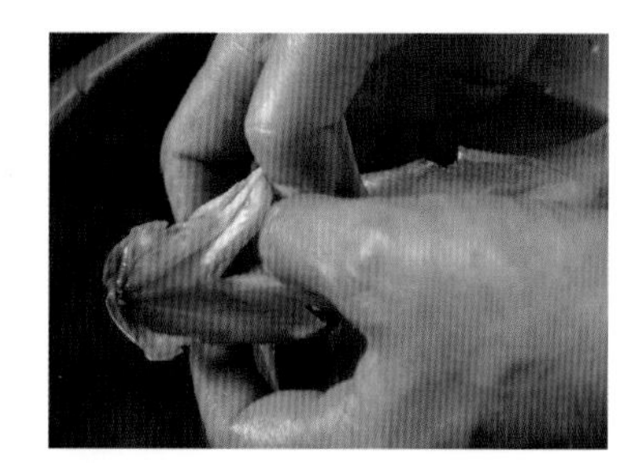

## 5 얼음물에서 불순물을 제거한다

볼락을 얼음물에 넣고 표면에 남은 비늘이나 미끈거리는 점액, 불순물 등을 제거한다.

되도록 찬물을 쓰세요. 젤라틴이 굳기 때문에 껍질이 부스러지지 않습니다.

## 6 물기를 닦아낸다

행주나 키친타월에 5의 볼락을 얹고 꾹 눌러서 뱃속까지 물기를 잘 빼낸다.

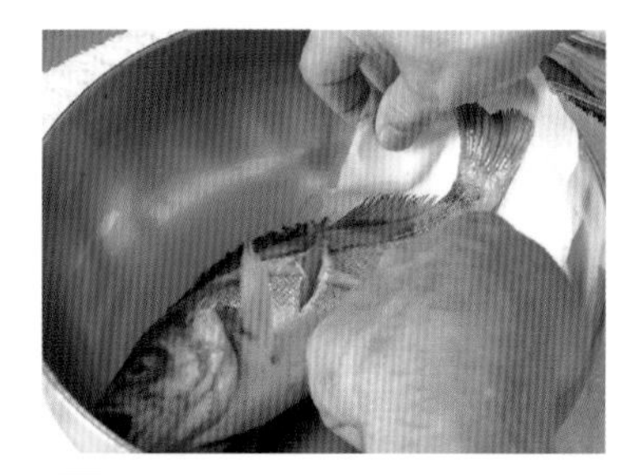

## 7 볼락의 꼬리지느러미를 보호한다

다른 냄비에 볼락을 넣고 꼬리 아래쪽에 오븐시트나 알루미늄 포일을 깔아 냄비에 직접 닿지 않도록 한다.

냄비는 생선이 조림국물에 잠길 정도의 크기여야 합니다. 생선을 그릇에 담았을 때 위쪽이 되는 면을 위로 둡니다.

## 8 조림국물과 채소를 넣는다

7의 냄비에 조림국물 재료, 4에서 따뜻한 물에 데쳤던 우엉과 생표고버섯을 넣는다.

## 9 뚜껑을 덮고 끓인다

중간 불에 올리고 뚜껑을 덮어 끓인다. 끓어오르면 불을 줄이고 뚜껑 주위에 거품이 조금 나는 상태를 유지하면서 끓인다.

불은 세지 않아도 OK. 약하게 끓입니다.

**10 5분 정도 끓인다**

5분 정도 끓여서 볼락을 60~70% 정도 익힌다.

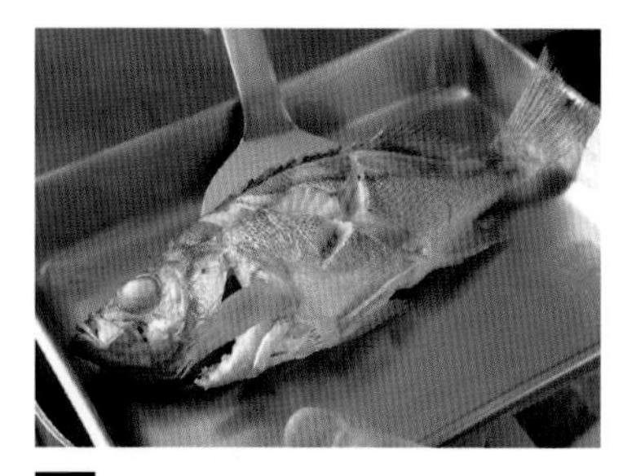

**11 볼락을 바트에 꺼낸다**

뒤집개로 볼락이 부스러지지 않게 주의하면서 꺼낸다.

살이 연한 볼락은 모양을 유지하도록 조심해서 다뤄주세요.

**12 조림국물을 조린다**

불을 조금 세게 조절하여 조림국물이 끓어오르는 상태를 유지하면서 조린다. 조림국물이 절반 정도 되면 색이 진해지고 거품에서 윤기가 난다.

조림국물을 조리면 농도가 끈적끈적해지고 식감도 좋아집니다.

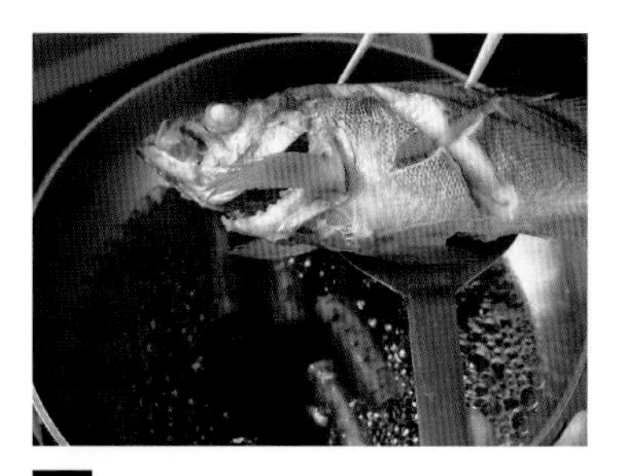

**13 볼락을 다시 넣는다**

다시 뒤집개를 사용하여 볼락을 넣는다.

그릇에 담을 때 위쪽이 되는 면을 위로!

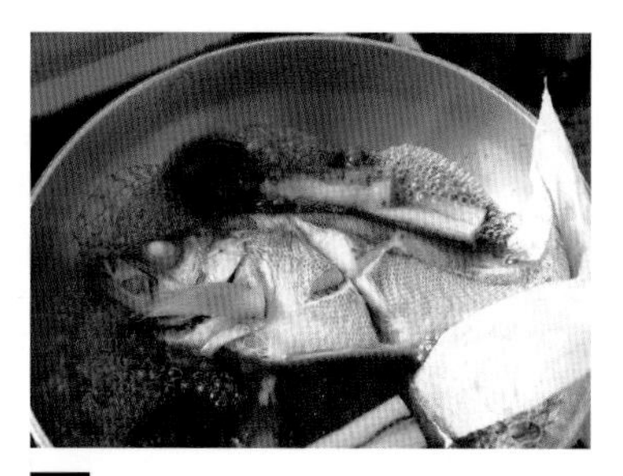

**14 다시 꼬리지느러미를 보호한다**

꼬리지느러미 아래에 오븐시트를 깔아 타지 않게 한다. 특히 조림국물이 조려지니 잘 탈 수 있다.

**15 조림국물을 끼얹으며 끓인다**

냄비를 비스듬히 기울여 조림국물을 숟가락으로 떠서 볼락에 끼얹으며 전체적으로 스며들게 한다.

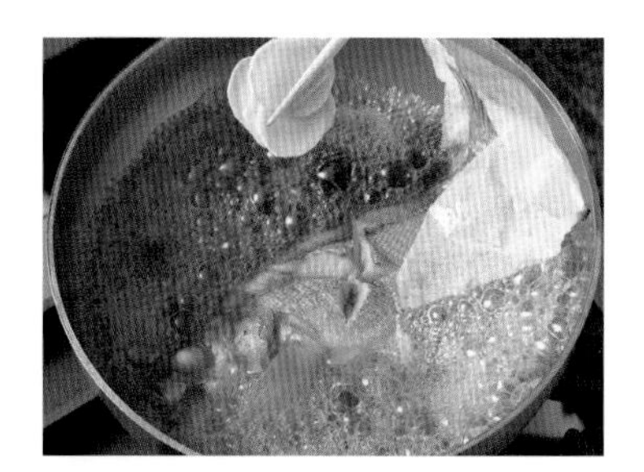

**16 얇게 저민 생강을 넣는다**

조림국물의 양이 처음의 ⅓ 정도가 되고 끓어오르는 거품이 작아지면 생강을 넣는다.

**17 완성**

생강의 풍미가 조림국물에 배면 완성이다. 표고버섯, 우엉과 함께 그릇에 담고 조림국물을 듬뿍 뿌린다. 삶은 강낭콩과 시라가네기를 곁들인다.

드레싱 같은 조림국물, 튀겨서 가볍게 끓이면 완성!

# 가자미 무즙조림

일본에서는 무즙을 넣은 조림요리를 '진눈깨비조림'이라고 합니다. 무즙의 하얀 모습이 마치 진눈깨비가 내린 것 같다고 해서 붙여진 이름인데, 이렇듯 예쁜 말로 표현하는 것은 일식의 특징 중 하나입니다. 가자미 무즙조림은 튀기고 끓여서 만듭니다. 생선에 밀가루옷을 입히고 튀겨서 80% 정도 익은 상태로 끓이므로 **끓이는 정도는 신경 쓰지 않아도 됩니다.** 조림국물이 배기만 하면 충분합니다. 이 조림국물은 드레싱 같은 느낌인데 무즙은 재료에 조림국물이 잘 배게 도와주는 역할을 합니다. **끓이는 시간이 짧으므로 조림국물에 육수를 써야 합니다.** 조림국물에 생선의 감칠맛이 옮겨지지 않기 때문입니다. 조림국물이 무즙으로 희석되고 생선에 조림국물의 맛이 배어들지 않으니 간은 약간 진하게 합니다.

**재료 (2인분)**

**가자미** … 25g × 6토막
**무즙** … 60g
**파드득나물** … 3㎝ × ⅓다발

**◎ 조림국물** 10 : 1 : 1

- **1번째 육수** (➡ p.11) … 300㎖ ➡ 10
- **우스구치간장** … 30㎖ ➡ 1
- **맛술** … 30㎖ ➡ 1

**박력분** … 적당량
**튀김유** … 적당량
**시치미** … 적당량

다른 흰살생선 토막으로도 맛있게 만들 수 있습니다. 돼지고기나 닭고기도 OK.

### 1 붓솔로 박력분을 묻힌다

붓솔에 박력분을 묻혀서 가자미 토막 양면에 얇게 바른다.

> 생선 주위에 얇게 막을 만들어 불을 간접적으로 닿게 하기 위함입니다.

### 2 가자미를 170℃에서 튀긴다

튀김유를 170℃로 가열하여 1을 넣는다.

### 3 80% 익으면 꺼낸다

연한 갈색이 나고 80% 익으면 꺼낸다.

> 나중에 또 끓이므로 완전히 익히지 않아도 됩니다.

### 4 끓인다

냄비에 조림국물 재료, 3을 넣고 중간 불에 올린다.

### 5 무즙을 넣는다

4가 한소끔 끓으면 가볍게 물기를 짠 무즙을 넣는다.

### 6 무즙을 푼다

무즙을 살살 풀면서 조림국물과 섞는다.

> 드레싱을 묻히듯이!

### 7 파드득나물을 넣고 완성

끓으면 파드득나물을 넣고 전체적으로 펼쳐서 끓인다. 파드득나물이 익으면 완성이다. 그릇에 담고 기호에 따라 일본식 양념 고춧가루인 시치미를 뿌린다.

## 뚜껑을 꼭 덮어야 할까?

조림국물이 적으면 뚜껑을 덮어야 합니다. 조림국물이 적어도 끓으면서 뚜껑에 열기가 닿아 샤워하듯이 전체적으로 퍼집니다. 조림국물이 많으면 뚜껑을 덮지 않아도 됩니다. 재료의 나쁜 냄새가 증발하지 못하고 조림국물에 남기 때문입니다. 뚜껑은 두께가 중요합니다. 조림국물이 끓어도 뜨지 않아야 제 역할을 다한다고 볼 수 있습니다. 그래서 알루미늄 포일은 쓰지 않습니다.

기름진 생선을
깔끔하게 먹고 싶을 때는

# 전갱이 식초조림

식초조림은 이름 그대로 식초가 맛의 포인트가 되는 조림요리입니다. 기름진 등푸른생선이나 닭다릿살을 깔끔하게 먹고 싶을 때 좋습니다. '빛나는 생선'이라고 불리는 전갱이의 은빛 껍질은 섬세해서 **고온에 넣으면 터질 수 있으니 따뜻한 물에 데칠 때도 70℃가 적당합니다.** 다른 생선조림과 마찬가지로 오래 끓이지 마세요. 특히 전갱이는 크기가 작아 단시간에 완성됩니다. 조리고 난 뒤 조림국물이 맑으면 전갱이가 신선하다는 증거입니다.
'생선조림에 토마토를 넣다니!'라고 의아하게 생각할 수 있지만, 식초의 신맛과 토마토의 새콤달콤함은 의외로 좋은 조합입니다. 토마토는 감칠맛이 강하고 그 자체로 '육수'가 되는 재료이니까요. **채소의 감칠맛과 생선의 감칠맛의 상승효과로 재료가 적어도 매우 맛있답니다.**

**재료 (2인분)**

전갱이 … 6마리
소금 … 소량
생표고버섯 … 2개
대파 … 5㎝ × 4개
토마토 … 80g × ½개분
생강 … 1쪽분

◎ 조림국물 6:1:1:1

- 물 … 150㎖ ➡ 6
- 식초 … 150㎖
- 간장 … 50㎖ ➡ 1
- 맛술 … 50㎖ ➡ 1
- 식초 … 50㎖ ➡ 1

꼬투리째 먹는 완두콩 … 2개

## 1 전갱이를 손질하고 따뜻한 물을 준비

전갱이는 비늘을 긁어내고 머리를 제거한 후 배를 비스듬히 갈라 내장을 긁어낸다. 볼에 연한 소금물을 넣고 전갱이 뱃속을 깨끗하게 씻는다. 냄비에 물 1ℓ를 끓이고 생수 400㎖를 더 넣어 70℃ 정도로 만든다.

## 2 전갱이를 따뜻한 물에 데친다

전갱이를 망국자에 얹어 **1**의 따뜻한 물에 담그고 살이 하얗게 되면 건진다.

전갱이 껍질은 약해요! 부스러지지 않도록 낮은 온도에서 합니다.

## 3 찬물에 담근다

**2**의 전갱이를 찬물에 담그고 손가락으로 문질러 표면의 미끈거리는 점액이나 뱃속의 불순물을 제거한다. 키친타월로 물기를 부드럽게 닦아낸다.

얼음물도 OK. 최대한 물이 차가워야 껍질의 젤라틴이 굳어서 벗겨지지 않습니다.

## 4 전갱이, 조림국물, 채소를 넣는다

냄비에 **3**을 겹치지 않게 놓고 조림국물, 밑동을 제거한 생표고버섯, 대파를 넣는다.

전갱이가 딱 들어가는 크기의 냄비를 준비합니다. 전갱이를 겹쳐 끓이면 색이 고르지 않고 껍질이 부스러져 벗겨질 수 있습니다.

## 5 뚜껑을 덮고 끓인다

뚜껑을 덮고 중간 불에 올린다. 끓으면 끓어오르는 거품이 가끔 부글거리는 정도의 약한 불을 유지하면서 5분 정도 끓인다.

## 6 토마토와 생강을 넣는다

냄비에 끓는 물에 데쳐 껍질을 벗기고 빗살 모양으로 썬 토마토와 얇게 저민 생강을 넣고 가볍게 끓어오르는 불 세기로 끓인다.

생강은 전갱이의 기름기를 줄이고 깔끔하게 먹을 수 있도록 하는 향신료 역할!

## 7 토마토가 익으면 완성

토마토가 익고 조림국물에 생강향이 나면 완성이다. 그릇에 담고 살짝 삶은 꼬투리째 먹는 완두콩을 곁들인다.

## 어떻게 하면 전갱이조림을 잘 발라 먹을 수 있을까?

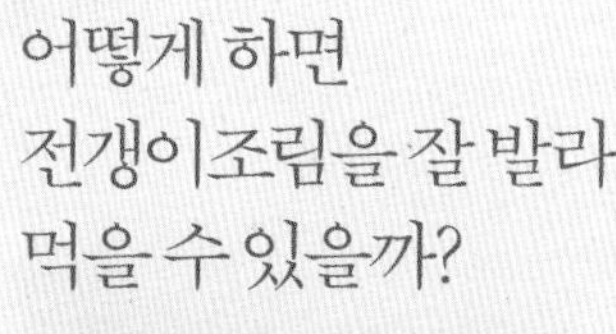

**1** 젓가락으로 배와 등을 가볍게 누르면 뼈에서 살이 쉽게 분리된다.

**2** 위쪽 살을 잡고 들어 올려 꼬리까지 벗긴다.

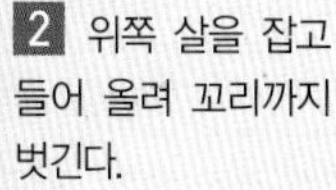

**3** 젓가락으로 꼬리를 들고 머리 쪽으로 뒤집으면 뼈가 분리된다. 살을 조림국물에 푹 적셔 먹는다.

잔열로 반쯤 익혀 완성하는
초간단 레시피

# 일본식 로스트비프

이름은 '로스트비프'이지만 일종의 프라이팬 찜입니다. 이 방법으로 조리하면 최소한의 도구로 간단하게 만들 수 있으며 실패할 확률이 거의 없습니다. 찜이라고 해도 가열하는 시간이 아주 짧고 **대부분 잔열 조리**입니다. 시간이 만들어주니 번거롭지 않습니다. 포인트는 두 가지! 하나는 가열하기 전에 고기를 힘줄까지 상온에 두는 것입니다. 힘줄이 반만 익도록 가열하기 때문에 차가운 상태로는 열이 전달되지 않습니다. 또 하나는 고기가 딱 맞게 들어가는 크기의 프라이팬이나 두꺼운 냄비가 필요합니다. 물론 뚜껑도요! 소고기는 단면이 적어도 5~6㎝인 각진 덩어리를 씁니다. 이 두께는 반드시 지켜야 하는 룰입니다. **두께가 얇으면 중심 부분이 빨리 가열되어 바싹 익어버리기 일쑤입니다.** 5~6㎝라면 젓가락으로 집어 한입에 먹기 딱 좋습니다. 그릇 위에서 나이프를 쓰지 않는 것도 일식의 포인트!

**재료 (만들기 쉬운 분량)**

소다릿살 … 400g
대파 … 1개분
차조기잎 … 10장분
소금 … 적당량
후추 … 적당량
샐러드유 … 3큰술
Ⓐ 청주 … 45㎖
Ⓐ 간장 … 30㎖
Ⓐ 물 … 30㎖
물엿 … 1큰술

**◎ 고명**

달걀노른자즙 (물기를 짠 무즙 ½컵 + 달걀노른자 1개) … 적당량
영귤 … 1조각
물냉이 … 적당량

## 1 소고기에 소금과 후추를 뿌린다

바트에 상온에 두었던 소고기 덩어리를 얹고 소금과 후추를 듬뿍 뿌린다. 뒤집어서 빈틈없이 뿌리고 15분 정도 둔다.

고기는 소금을 뿌리지 않아야 육즙이 나오는데 간이 담백하므로 가볍게 밑간합니다.

## 2 소고기 표면을 굽는다

프라이팬에 샐러드유를 두르고 센 불로 데워 1을 넣는다. 뒤집어서 표면 전체를 굽는다. 옆면도 세워서 색이 변할 때까지 잘 굽는다.

고기를 굽는 동안 냄비에 물을 끓입니다.

## 3 따뜻한 물에 넣는다

2를 꺼내 끓여둔 물에 담근다. 남은 염분이나 기름기, 불순물을 제거하고 건져낸다.

남은 소금이 빠지는 과정이므로 처음에 뿌리는 소금의 양은 정확하지 않아도 됩니다.

## 4 조림국물을 만들어 끓인다

덩어리 고기가 딱 들어가는 지름 16㎝ 정도의 프라이팬에 Ⓐ를 넣고 가열한다. 한소끔 끓으면 다진 대파와 다진 차조기잎을 넣는다. 3을 넣고 굴리면서 조림국물을 전체적으로 입힌다. 옆면도 세워서 조림국물을 끼얹는다.

## 5 끓이고 꺼낸다

매우 약한 불로 줄여 뚜껑을 덮고 10분 정도 끓인다. 중간에 가끔 소고기 덩어리를 굴리면서 소스를 끼얹는다. 소고기를 바트에 꺼내 상온에 둔다.

찜요리처럼 해야 하니 정확히 밀폐되는 뚜껑이 필요합니다.

## 6 조림국물에 물엿을 넣는다

프라이팬을 강한 중간 불로 조절하고 남은 조림국물을 끓이다가 물엿을 넣어 녹인다.

물엿을 쓰는 이유는 단맛을 내고, 물엿만의 보습력으로 고기 표면을 촉촉하게 유지하며, 식으면서 끈적이는 성질을 입히기 위해서입니다.

## 7 조림국물을 조려 소스를 만든다

섞으면서 조린다. 거품이 커지고 농도가 생기면 완성이다. 이것이 소스다.

거품이 커지면 소스가 완성되었다는 뜻! 조금 묽어도 식으면서 농도가 생기니 괜찮습니다.

## 8 소고기에 소스를 뿌린다

따뜻한 7을 5의 소고기 전체에 골고루 뿌린다.

## 9 알루미늄 포일을 덮어 식힌다

바로 알루미늄 포일을 덮고 틈새가 생기지 않도록 바트 네 귀퉁이를 최대한 밀폐한다. 그대로 상온에서 소고기의 열을 식히고 폭 5㎜ 두께로 썬다. 그릇에 담고 소스를 끼얹은 후 달걀노른자즙 재료를 섞고 반으로 자른 영귤, 손질한 물냉이를 곁들인다.

 위 그릇_나가모리 게이(소라), 아래 그릇_요시이 시로(소라)

흰쌀밥이 계속 당기는 맛, 반찬을 주인공으로 만드는 맛

# 닭고기 채소조림 2종

## 먹는 목적에 따라 달라지는 맛

닭고기 채소조림은 일식을 대표하는 인기 조림요리입니다. 이 요리는 시대와 목적에 따라 추구하는 맛이 달라졌습니다. 제가 어린 시절에는 식탁의 주인공이 흰쌀밥이었지요. 닭고기 채소조림은 밥도둑이라고 할 정도로 간을 진하게 해서 밥상에 올라오곤 했습니다. 기름에 볶고 단맛이 나는 조림국물로 윤기 나게 조린 반찬. 도시락에 넣으면 지금도 역시 최고입니다. 옛날에는 냄비나 화구 수도 지금처럼 많지 않았기 때문에 냄비 하나로 볶고 끓이고 완성할 수 있는지는 중요했을 것입니다.
하지만 요즘에는 1인당 쌀 소비량이 엄청나게 줄어들었습니다. 그러면서 반찬이 식탁의 주인공이 되었고 술안주로서의 역할도 하면서 그 반찬 하나만 먹기에 딱 좋은 간으로 바뀌었습니다. 깔끔하고 고급스러우며 재료의 맛이 살아 있는 맛을 선호하게 된 것이지요. 그래서 **목적이 다른 두 가지 타입의 닭고기 채소조림**을 소개합니다. 재료도 소스도 똑같은 두 요리가 어떻게 다른지 차이점을 느껴보세요.

## 칼질과 조미료의 배합을 바꾸어 맛을 내다

쓰는 재료와 소스는 같지만 잘 익지 않는 우엉, 당근, 연근을 써는 법이나 소스의 배합이 다릅니다. 옛날 방식은 오래 끓이기 때문에 큼직하게 썰지만, 미리 데치는 요즘 방식은 끓이는 시간이 짧아서 얇게 썹니다. 소스도 옛날 방식은 간장을 많이 넣어 감칠맛을 내고 조림국물을 재료에 스며들게 하여 간이 진합니다. 반면 요즘 방식은 고이구치간장과 우스구치간장을 반반씩 섞어 맛이 깔끔합니다. 닭고기는 먼저 볶아 기름을 감칠맛을 내는 데 쓰거나 따뜻한 물에 담가 없애는 등의 큰 차이가 있지만 **오래 끓여 딱딱해지지 않도록 하는 방식**은 같습니다. 뿌리채소가 거의 익은 후에 넣어 가볍게 끓인다는 점을 명심하세요.

### ◆ 옛날식 닭고기 채소조림

**재료 (만들기 쉬운 분량)**

닭다릿살 … 250g
토란 … 200g
우엉 … 50g
당근 … 100g
연근 … 120g
생표고버섯 … 4개
곤약 … 130g × ½장
샐러드유 … 3큰술

◘ 조림국물
- 물 … 500㎖
- 간장 … 75㎖
- 맛술 … 60㎖
- 설탕 … 1큰술

대파의 푸른 부분 … 1개분
꼬투리째 먹는 강낭콩 … 3개

**준비**

⊙ 꼬투리째 먹는 강낭콩을 삶는다.

### ◆ 현대식 닭고기 채소조림

**재료 (만들기 쉬운 분량)**

닭다릿살 … 250g
토란 … 200g
우엉 … 50g
당근 … 100g
연근 … 120g
생표고버섯 … 4개
곤약 … 130g × ½장

◘ 조림국물
- 물 … 500㎖
- 간장 … 30㎖
- 우스구치간장 … 30㎖
- 맛술 … 60㎖
- 설탕 … 1큰술

다시마 … 7 × 7㎝ × 1장
꼬투리째 먹는 완두콩 … 4개

**준비**

⊙ 꼬투리째 먹는 완두콩을 삶는다.

## 옛날식 닭고기 채소조림 만드는 법

### 1 재료를 준비한다

토란은 껍질을 6면으로 벗기고(➡ p.77) 마구 썬다. 우엉, 당근, 연근, 닭고기는 한입 크기로 썬다. 생표고버섯은 밑동을 제거하고 곤약은 숟가락을 이용해 한입 크기로 찢는다.

### 2 닭고기를 볶아낸다

냄비에 샐러드유를 두르고 닭고기를 중간 불에 올린 후 표면이 하얗게 될 때까지 볶다가 일단 꺼낸다.

> 닭고기를 미리 볶아낸 기름은 감칠맛이 되므로 냄비에 남겨두세요.

### 3 뿌리채소를 볶는다

닭고기를 꺼낸 2의 냄비에 1의 남은 재료를 넣고 볶은 다음 전체적으로 기름을 두른다. 대파의 푸른 부분도 가볍게 볶는다.

> 대파의 푸른 부분을 넣으면 향이 나서 맛있어집니다. 조림요리에 활용해보세요.

### 4 조림국물을 넣는다

조림국물 재료를 섞고 전부 넣는다.

### 5 뚜껑을 덮고 끓인다

센 불에 올리고 뚜껑을 덮는다. 끓으면 불을 조금 줄이고 조림국물이 끓어오르는 상태에서 계속 끓인다.

### 6 닭고기를 다시 넣는다

조림국물을 절반 정도까지 조리면 대파의 푸른 부분을 꺼내고 2의 닭고기를 넣는다. 잘 섞어 조림국물이 스며들게 한다.

> 익은 정도가 궁금하다면 토란을 확인해보세요. 꼬챙이가 쑥 들어가면 OK.

### 7 조림국물을 계속 끓인다

조림국물이 끓고 거품이 나는 상태에서 계속 끓여 더 조린다.

> 센 불에서 보글보글 끓는 상태로 조립니다. 맛이 깊어지고 진해져서 밥이 계속 당기는 맛이 됩니다.

### 8 조림국물을 재료에 입힌다

숟가락으로 조림국물을 고루 끼얹으며 더 끓인다.

### 9 완성

조림국물이 거의 없어지면 완성이다. 닭고기를 넣고 나서 2분 정도 끓이는 것이 이상적이다. 그릇에 담고 삶은 강낭콩을 뿌린다.

## 현대식 닭고기 채소조림 만드는 법

### 1 재료를 준비한다

토란은 껍질을 6면으로 벗기고(➡ p.77) 마구 썬다. 우엉은 껍질째 얇고 어슷하게, 연근은 세로로 반으로 썬 다음 반달 모양으로 얇게 썬다. 당근은 둥글게 썰고 생표고버섯은 밑동을 제거한다. 곤약은 숟가락으로 한입 크기로 찢고 닭고기도 한입 크기로 썬다.

### 2 뿌리채소를 따뜻한 물에 데친다

냄비에 물을 끓이고 체에 토란, 우엉, 당근, 연근, 생표고버섯, 곤약을 넣어 30초 정도 담근다. 물기를 빼고 다른 냄비에 옮긴다.

이렇게 하면 채소의 불순물이나 잡냄새가 없어지고 맛이 깔끔해집니다.

### 3 닭고기를 따뜻한 물에 담근다

닭고기를 체에 넣고 2의 물에 넣어 젓가락으로 휘휘 푼다. 하얗게 되면 건진다.

### 4 닭고기를 찬물에 헹군다

3을 찬물에 넣어 표면의 불순물을 제거하고 물기를 뺀다.

### 5 냄비에 재료를 넣는다

2의 뿌리채소를 넣은 냄비에 조림국물 재료와 다시마를 넣는다.

### 6 끓인다

센 불에 올리고 뚜껑을 덮는다. 끓으면 불을 조금 줄이고 뚜껑에서 거품이 끓어오를 정도의 불 세기로 끓인다.

### 7 불순물을 건진다

가끔 뚜껑을 열어 떠오른 불순물을 꼼꼼하게 건져낸다.

### 8 닭고기를 넣는다

조림국물이 절반 정도 조려지면 4를 넣는다. 젓가락으로 섞어 닭고기에 조림국물이 스며들게 한 후 뚜껑을 덮고 끓인다.

토란이 익으면 닭고기를 넣는 타이밍.

### 9 닭고기가 익으면 완성

2분 정도 끓여 닭고기가 익으면 완성이다. 조림국물과 함께 그릇에 담고 껍질째 삶은 완두콩을 얹는다.

위 그릇_요시무라 마사야, 아래 그릇_이치노 마사토시(소라)

육수와 함께 먹는 호박, 포슬포슬하게 끓인 호박

# 호박조림 2종

### 집밥도 음식점보다 맛있을 수 있다

음식점의 호박조림은 육수를 넣고 끓여서 그런지 조림국물과 함께 먹습니다. 미리 만들어두었다가 다시 데울 수 있도록 고안한 방법으로, 육수의 감칠맛과 함께 고급스럽게 먹을 수 있습니다. 하지만 가정에서 요리하다 보면 수분은 거의 없고 포슬포슬해집니다. 호박은 수분을 머금으면 맛이 없어지기 때문에 솔직히 저는 후자가 맛있습니다. 이것은 완성한 요리를 바로 먹을 수 있는 가정에서만 만들 수 있는 맛이라고 할 수 있습니다.
호박은 균일하게 익도록 모양을 다듬거나 모서리 부분을 깎아두는 등 조리 전에 어느 정도 손질해두어야 합니다. 빨리 익을 수 있게 껍질을 벗겨내면 긁힌 것 같은 무늬처럼 되고 색도 예뻐집니다. 모양을 다듬을 때 나온 껍질이나 속살은 볶음요리나 된장국에 활용해보세요. 모서리 부분을 미리 깎아두는 이유는 무얼까요? 보통 부서지지 않게 하려는 목적이지만 저는 모양을 예쁘게 하는 데 있습니다. **부서질 때까지 끓이지 않기 때문**입니다. 호박이 부서지는 이유는 단 하나! 오래 끓여서 그렇습니다.

### 호박은 불을 조절하는 타이밍이 있다

호박은 껍질과 속살의 단단함, 익는 시간이 완전히 다릅니다. **잘 익지도 않지만 오래 끓여도 안 됩니다.** 주의해서 조리하지 않으면 껍질과 속살이 분리되고 맙니다. 그래서 호박은 타이밍을 잘 확인해야 합니다. 육수에 푹 조린다면 조림국물 속에서 호박이 물렁물렁해지기 때문에 익히기만 하면 됩니다. 하지만 단시간에 포슬포슬하게 끓여내는 타입은 그리 간단하지 않습니다. 딱딱하고 잘 익지 않는 껍질은 고온에서 계속 끓여야 하니까요. 이때 껍질을 아래로 두고 냄비 전면에 겹치지 않도록 늘어놓은 후 잠길락 말락 한 조림국물에서 끓이는 것이 포인트입니다. 조림국물이 줄어들면 상태를 잘 보고 **껍질과 속살이 분리되기 직전**에 조림국물을 끼얹어 완성합니다.

### ◆ 육수를 넣은 호박조림

**재료 (만들기 쉬운 분량)**

호박 … 300g

◎ 조림국물 [6:1:0.6]

- 멸치육수 (➡ p.11) … 300㎖ ➡ 6
- 맛술 … 50㎖ ➡ 1
- 우스구치간장 … 30㎖ ➡ 0.6

멸치 … 5마리

**준비**

⊙ 멸치는 머리와 내장을 제거한다.

### ◆ 두반장을 넣은 호박조림

**재료 (만들기 쉬운 분량)**

호박 … 300g

◎ 조림국물

- 청주 … 150㎖
- 물 … 100㎖
- 맛술 … 30㎖
- 우스구치간장 … 10㎖
- 설탕 … 3큰술
- 두반장 … ½작은술
- 참기름 … 1작은술

육수를 넣은 호박조림 만드는 법

**1 호박을 썰고 껍질을 벗긴다**

호박은 꼭지와 씨를 제거한 후 단면을 아래로 가게 도마에 두고 3 × 4㎝로 네모나게 썬다. 두께가 균일해지도록 속을 평평하게 깎아낸다. 껍질은 군데군데 벗기고 모서리 부분은 다듬는다.

**2 호박을 따뜻한 물에 데친다**

냄비에 물을 끓이고 체에 1을 넣어 따뜻한 물에 1~2분 정도 담갔다가 물기를 뺀다.

호박 특유의 냄새나 불순물이 제거되어 맛이 깔끔해지는 과정입니다.

**3 냄비에 재료를 넣는다**

다른 냄비에 2와 조림국물 재료를 넣는다.

호박이 조림국물에 뜨니 대충 늘어놓아도 OK.

**4 멸치도 넣고 끓인다**

머리와 내장을 제거한 멸치를 넣어 끓인다.

육수의 맛으로 먹는 요리입니다. 멸치를 넣어 감칠맛을 더하세요.

**5 끓인다**

센 불에 올리고 끓으면 약한 불로 줄인다. 조림국물이 거의 끓어오르지 않을 정도의 약한 불을 유지하면서 약 15분 끓인다.

조림국물이 충분하므로 뚜껑을 덮지 않아도 OK. 푹 끓입니다.

**6 완성**

호박에 꼬챙이를 꽂아 쑥 들어가면 완성이다. 그릇에 담고 조림국물을 끼얹는다.

호박이 익으면 완성! 육수와 함께 먹기 때문에 호박이 익기만 하면 됩니다. 오래 끓이면 껍질과 속살이 분리되니 주의하세요.

## Chef's voice

호박은 가다랑어와 다시마를 넣은 육수보다 멸치로 우린 육수의 감칠맛이 잘 어울립니다. 간은 맛술을 조금 많이 넣고 단맛을 더해 맞춥니다. 호박 껍질은 두껍고 딱딱해서 잘 익지 않는데, 그렇다고 오래 끓이다 보면 부스러지기도 합니다. 그래서 군데군데 껍질을 벗겨서 잘 익게 합니다. 이렇게 하면 진녹색과 연녹색의 조화도 잡을 수 있거든요.

## 두반장을 넣은 호박조림 만드는 법

### 1 호박을 썰고 껍질을 벗긴다

호박은 꼭지와 씨를 제거한 후 단면을 아래로 가게 도마에 두고 3 × 4㎝로 네모나게 썬다. 두께가 균일해지도록 속을 평평하게 깎아낸다. 껍질은 군데군데 벗기고 모서리 부분은 다듬는다.

### 2 냄비에 호박을 넣는다

냄비에 호박 껍질을 아래로 두고 겹치지 않도록 늘어놓는다.

> 호박을 겹치지 않게 늘어놓을 수 있는 크기의 냄비를 고릅니다. 겹치면 색이 고르지 않으니 주의!

### 3 조림국물 재료를 넣는다

냄비에 조림국물 재료를 전부 넣는다.

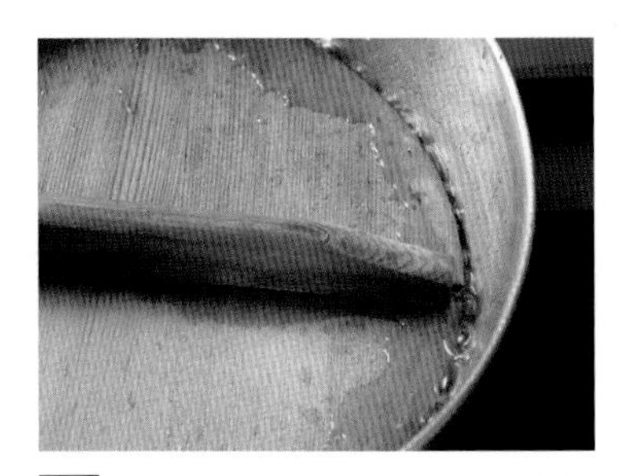

### 4 뚜껑을 덮고 끓인다

뚜껑을 덮고 강한 중간 불에 올린다. 조림국물이 끓는 상태를 유지한다.

### 5 센 불로 조절하여 끓인다

조림국물이 거의 없어질 때까지 약 10분 끓인다. 뚜껑을 뺀다.

> 껍질과 속살의 경계가 부서지기 직전의 상태가 완성 기준. 그 이상 오래 끓이면 껍질과 속살이 분리되니 주의하세요.

### 6 조림국물을 끼얹는다

냄비를 돌리면서 수분을 날리고 조림국물을 고루 끼얹는다.

### 7 완성

물기가 없어지고 호박의 표면이 포슬포슬한 상태가 되면 완성이다.

### CHECK

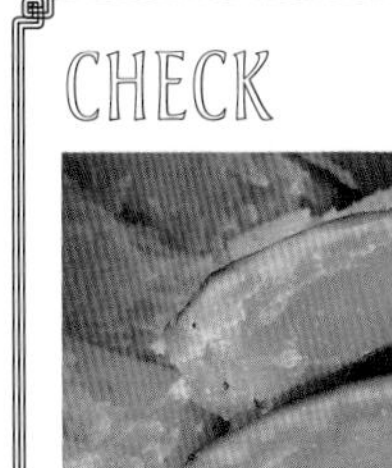

껍질과 속살이 떨어질 것 같은데 떨어지지 않는 모양으로 완성해야 가장 맛있습니다.

### Chef's voice

호박은 의외로 맛에 편차가 적고 은은한 단맛이 납니다. 그래서 남성에게 인기가 별로 없지요. 하지만 이 호박조림은 두반장과 참기름으로 감칠맛을 낸 덕분에 누구나 맛있게 먹을 수 있습니다. 조림국물이 남은 단계에서 따뜻한 물에 담근 소고기를 넣으면 색다른 맛이 나고 반찬 같은 느낌이 듭니다.

아래 그릇_요코야마 다쿠야(소라)

소고기와 돼지고기, 그 맛의 차이를 느껴보자

# 고기 감자조림 2종

## 고기 감자조림이란?

**요리에는 '꼭 이렇게 해야 한다'라는 법은 없습니다.** 고기 감자조림도 이름 그대로 고기와 감자를 섞은 조림요리일 뿐입니다. 지역성이 반영되는데, 남북으로 길게 이어진 일본 식문화의 흥미로운 점입니다. 오사카 지역 사람에게 물으면 고기 감자조림에 소고기를 쓴다고 하지만 저는 도쿄 지역 출신이어서 그런지 어릴 때부터 돼지고기를 썼습니다. 물론 각각 맛이 다르지요. 두 가지 타입을 제 나름대로 해석한 레시피로 소개합니다. 맛의 차이를 느낄 수 있도록 고기 외에 나머지 재료는 거의 같습니다.
소고기 감자조림에는 궁합이 좋은 양파를 활용합니다. 양파의 단맛 덕분에 염분이 조금 진한 조림국물의 간이 딱 적당해집니다. 처음에 볶는 기름이 3큰술로 조금 많지만 걱정하지 않아도 됩니다. 끓으면 위에 떠오르는 불순물과 함께 떠내기 때문에 별로 기름지지 않습니다.

## 고기와 감자가 익는 정도의 포인트

고기 감자조림은 고기와 감자가 모두 주인공이지만 **역시 고기가 맛있어야 완성된 요리도 맛있습니다.** 소고기와 돼지고기, 종류는 다르지만 맛있게 끓이는 방법은 같습니다. 처음에 따뜻한 물에 담가 불순물과 남은 기름기를 없애고 뿌리채소가 끓은 다음 완성되려는 찰나에 고기를 넣습니다. 그러고 나서 **끓는 시간은 단 3분 정도.** 얇게 썬 고기는 반드시 따뜻한 물에 담근 다음 써야 합니다. 그대로 넣으면 불필요한 맛이 섞여 맛이 탁해지니 주의하세요. 조림국물에 넣었을 때 잘 풀어지지 않고 고기끼리 붙어 딱딱해질 수도 있습니다. 그러면 끓는 정도도 제각각이고 맛있게 끓일 수도 없습니다.
감자의 상태는 부서지기 직전 정도가 가장 좋습니다. 다 끓으면 젓가락으로 과감하게 감자를 찔러보세요. 겉에 조림국물이 스며들고 속은 익어서 포슬포슬합니다. 이것이 고기 감자조림 속 감자의 매력이랍니다.

### ◆ 소고기 감자조림

**재료 (만들기 쉬운 분량)**

얇게 썬 소고기 … 200g
감자 … 100g
당근 … 100g
양파 … ½개
실곤약 … 100g
꼬투리째 먹는 강낭콩 … 4개
샐러드유 … 3큰술

**조림국물** 8:1:0.8

물 … 350㎖
청주 … 50㎖ → 8
맛술 … 50㎖ → 1
우스구치간장 … 40㎖ → 0.8
설탕 … 3큰술

### ◆ 돼지고기 감자조림

**재료 (만들기 쉬운 분량)**

얇게 썬 삼겹살 … 200g
감자 … 100g
당근 … 100g
실곤약 … 100g
대파의 푸른 부분 … 1개분
꼬투리째 먹는 완두콩 … 3개

**조림국물** 8:1:0.6

물 … 350㎖
청주 … 50㎖ → 8
맛술 … 50㎖ → 1
간장 … 30㎖ → 0.6
설탕 … 2큰술

간장 … 30㎖

소고기 감자조림 만드는 법

**1 재료를 준비한다**

감자는 껍질을 벗겨 한입 크기로 썰고 당근은 껍질을 벗긴 다음 마구 썬다. 양파는 빗살 모양으로, 실곤약은 10㎝ 길이로, 소고기는 한입 크기로 썬다.

**2 소고기를 따뜻한 물에 담근다**

냄비에 물을 끓인다. 먼저 강낭콩을 삶고 물기를 뺀다. 거기에 생수를 조금 넣어 온도를 낮추고 1의 소고기를 체에 넣어 담근다. 표면이 하얗게 되면 건져서 씻고 물기를 뺀다.

**3 뿌리채소를 기름에 볶는다**

다른 냄비에 샐러드유를 넣어 중간 불에 올리고 1의 감자부터 볶는다. 표면이 투명해지면 당근, 양파 순으로 볶는다.

**4 실곤약도 볶는다**

실곤약을 넣어 표면의 수분을 날리듯이 볶고 기름을 두른다.

수분을 날리면 실곤약의 냄새가 조림국물에 배어나오지 않습니다.

**5 조림국물을 넣는다**

조림국물 재료를 넣고 중간 불에 올린다. 뚜껑을 덮고 센 불에 끓인다.

**6 센 불에서 계속 끓인다**

뚜껑 주위에 작은 거품이 끓어오르는 상태를 유지하면서 계속 끓인다.

**7 불순물을 걷어낸다**

뚜껑을 열고 불순물과 남은 기름을 꼼꼼하게 걷어낸다. 뚜껑을 다시 덮는다.

**8 감자가 익었는지 확인한다**

조림국물이 절반 정도 줄면 뚜껑을 열고 꼬챙이를 꽂아 감자가 익었는지 확인한다.

고기 감자조림은 감자가 익으면 거의 완성입니다. 부서질 때까지 끓이지 마세요.

**9 소고기를 넣어 완성**

익었으면 2의 소고기를 넣고 전체적으로 푼다. 뚜껑을 덮어 3~5분 더 끓여서 맛이 배어들게 한다. 그릇에 담고 어슷하게 썬 강낭콩을 뿌린다.

돼지고기 감자조림 만드는 법

**1 재료를 준비한다**

감자는 껍질을 벗겨 한입 크기로 썰고 당근은 껍질을 벗긴 다음 마구 썬다. 실곤약은 10㎝ 길이로, 돼지고기는 4㎝ 길이로 썬다.

**2 뿌리채소와 실곤약을 따뜻한 물에 데친다**

냄비에 물을 끓인다. 먼저 완두콩을 삶고 물기를 뺀다. 1의 감자, 당근, 실곤약을 체에 넣고 젓가락으로 풀면서 따뜻한 물에 30초 정도 담갔다가 물기를 뺀다.

**3 돼지고기를 따뜻한 물에 담근다**

체에 1의 돼지고기를 넣고 2의 따뜻한 물에서 젓가락으로 푼다. 표면이 하얗게 되면 건져서 물에 헹구고 물기를 뺀다.

고기나 생선을 끓일 때 따뜻한 물에 담그는 작업을 잊지 마세요. 요리가 완성된 후, 맛이 완전히 달라지거든요.

**4 냄비에 재료를 넣는다**

다른 냄비에 2의 감자, 당근, 실곤약, 조림국물 재료를 넣는다.

**5 뚜껑을 덮고 끓인다**

4의 냄비에 대파의 푸른 부분을 넣고 중간 불에 올려 뚜껑을 덮어서 끓인다. 끓으면 불 세기를 조절하고 거품이 끓어오르는 상태를 유지하면서 끓인다.

**6 감자가 익었는지 확인한다**

15분 정도 끓여서 조림국물이 절반 정도 줄어들면 대파의 푸른 부분을 제거하고 꼬챙이를 이용해 감자가 익었는지 확인한다.

**7 돼지고기를 넣고 3분 끓인다**

끓으면 남은 간장을 넣고 3의 돼지고기를 펼쳐 넣는다. 뚜껑을 덮고 3분 더 끓인 후 조림국물에 고루 적신다.

고기에 조림국물을 입히는 정도면 충분! 맛은 스며들지 않아도 됩니다.

**8 전체적으로 섞어 완성한다**

젓가락으로 전체를 섞어 간이 배어들게 하면 완성이다. 그릇에 담고 완두콩을 뿌린다.

감자가 부서지기 직전에 완성하는 것이 가장 좋습니다.

음식점에서 먹는 것 같은 '육수가 생명'인 조림요리

# 육수를 넣은 토란조림

음식점에서 만든 것 같은 고급스러운 토란조림을 소개합니다. 밥반찬이라기보다 술안주로 어울리는 맛인데, 소개하는 방법으로 만들면 **육수의 맛으로 토란을 먹을 수 있답니다.** 육수의 깔끔한 감칠맛을 토란에 스며들게 하고 조림국물과 먹을 겸 토란은 미리 삶아서 표면의 점액을 없앱니다. 삶을 때 쌀겨를 넣으면 효소가 작용하여 뭉실뭉실하게 완성되고 매우 맛있어집니다. 껍질은 두껍게 벗깁니다. 껍질 근처에 있는 심지를 제거하면 토란의 쫀득한 맛만 살릴 수 있습니다. **토란은 미리 삶은 다음 물에 담그지 않도록 주의하세요.** 삶은 후 물에 넣으면 식으면서 물기를 흡수해 물컹거리게 됩니다. 끓는 온도는 80~90℃를 유지해야 하는데 부글부글 끓이면 토란이 부서지고 육수가 탁해지기 때문입니다.

**재료 (2인분)**

토란 … 8개

◎ 조림국물 [약 8 : 1 : 0.4]

- 1번째 육수 (➡ p.11) … 500㎖ ➡ 약 8
- 맛술 … 60㎖ ➡ 1
- 우스구치간장 … 25㎖ ➡ 0.4
- 가다랑어포 … 5g

꼬투리째 먹는 강낭콩 … 4개

유자 … ⅙개

쌀겨 … 적당량

**준비**

⊙ 꼬투리째 먹는 강낭콩을 삶는다.

⊙ 유자는 껍질을 벗기고 아주 가늘게 채 썬다.

## 1 토란의 위아래를 잘라낸다

토란은 씻어서 흙을 잘 털어내고 키친타월로 물기를 닦아낸 다음 위아래를 잘라낸다.

## 2 껍질을 벗긴다

토란을 왼손으로 잡고 칼날을 토란 둘레의 약 ⅙ 폭에 맞추어 위에서 아래로, 토란 모양을 따라 껍질을 벗긴다.

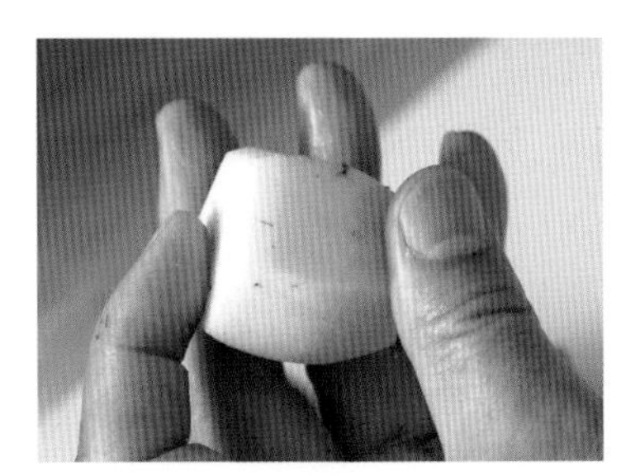

## 3 6면으로 벗긴다

한 변을 벗기면 그 옆을 똑같이 벗기고, 반복하여 한 바퀴 돌린다. 이렇게 하면 옆면이 깔끔해진다. 이것을 '6면으로 벗기기'라고 한다.

## 4 미리 삶는 용도의 물에 쌀겨를 넣는다

냄비에 물과 쌀겨를 넣는다.

쌀겨를 넣어 토란을 삶으면 미끈거리는 점액과 아린 맛이 없어지고 색이 하얘집니다. 쌀뜨물도 괜찮지만, 효소가 잘 작용하는 쌀겨가 더 좋습니다.

## 5 토란을 미리 삶는다

토란을 넣어 중간 불에 올리고 끓어오르는 상태에서 삶는다.

## 6 물렁물렁해질 때까지 삶는다

토란을 꺼내고 꼬챙이를 꽂아봐서 물렁물렁해지면 완성이다.

## 7 가볍게 삶아 쌀겨를 제거한다

새로운 물에서 6을 가볍게 삶아 쌀겨를 제거하고 체에 밭친다.

토란을 삶은 후 물에 담그지 마세요. 식었을 때 물기를 흡수해 물컹물컹해집니다.

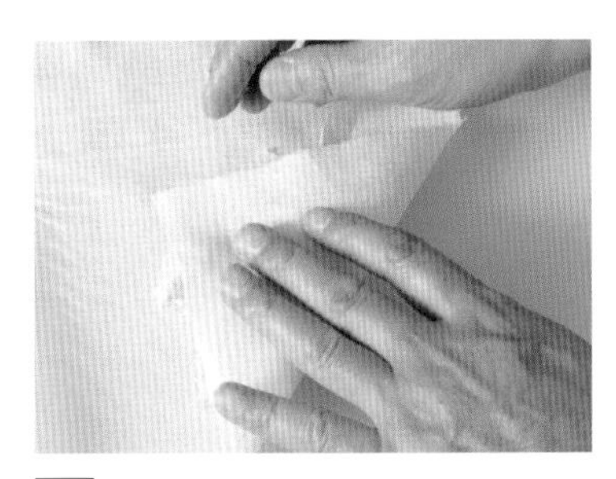

## 8 가다랑어포를 준비한다

키친타월로 가다랑어포를 감싸 주머니처럼 만든다. 다른 냄비에 조림국물 재료를 넣고 7과 가다랑어포 주머니를 넣는다.

이 요리는 육수의 풍부한 맛이 토란과 어우러지는 것이 포인트. 토란을 육수에 넣고 가다랑어포의 감칠맛을 더합니다.

## 9 조용히 끓인다

냄비를 중간 불에 올리고 끓으면 약한 불로 줄인다. 가끔 보글보글 끓어오르는 상태인 80~90℃에서 15~20분 정도 끓여 맛을 스며들게 한다. 조림국물과 함께 그릇에 담는다. 꼬투리째 먹는 강낭콩을 남은 육수에 섞어 곁들이고 채 썬 유자를 뿌린다.

시간차를 두고 다리와 몸통을 끓여 둘 다 살리는

# 토란 오징어조림

토란에 스며든 오징어의 진한 단맛과 감칠맛은 흰쌀밥과 잘 어울리는 기본 반찬 중 하나입니다. 그런데 오징어를 조리하다 고무처럼 딱딱해지는 이유는 오래 끓였기 때문입니다. **오징어 몸통은 생각보다 금세 익고, 오래 익히면 맛이 없어집니다.** 완성 전에 1~2분 정도 재빨리 끓이고 적당히 익었을 때 불을 끄면 부드러운 식감으로 완성할 수 있고 단맛과 감칠맛도 풍부해집니다. 놀라울 정도로 오징어의 맛이 강하게 느껴질 겁니다. 하지만 '감칠맛의 근원'인 오징어 다리는 처음부터 토란과 끓입니다. 20분 정도 끓여서 진한 단맛과 감칠맛을 조림국물에 옮겨 전체적으로 맛있게 만드는 것이 다리의 역할입니다. **그래서 이 요리는 조림국물에 육수를 쓰지 않습니다.** 물만 넣고 오징어 본연의 맛을 즐겨보세요. 토란은 미끈거리는 점액을 남겨 거친 맛을 살리고 가정적인 맛으로 완성합니다.

**재료 (2인분)**

오징어 … 1마리
토란 … 8개
꼬투리째 먹는 완두콩 … 4개

◎ 조림국물 11 : 1

- 물 … 300㎖ ➡ 11
- 청주 … 30㎖ ➡ 11
- 간장 … 30㎖ ➡ 1
- 설탕 … 2½큰술

대파의 푸른 부분 … 1개분

**준비**

⊙ 볼에 찬물을 준비한다.
⊙ 꼬투리째 먹는 완두콩은 삶는다.

## 1 토란을 미리 삶는다

토란은 잘 씻어서 흙을 털어내고 껍질에 얕은 칼집을 넣는다. 냄비에 물을 끓이고 손질한 토란을 넣는다. 끓으면 약한 중간 불에서 3~5분 정도 삶는다.

## 2 껍질을 문질러 벗긴다

물을 따라내고 토란을 찬물에 넣는다. 알루미늄 포일을 구깃구깃 접어 토란 껍질을 문질러 벗긴다.

## 3 오징어 몸통을 따뜻한 물에 담근다

오징어의 다리와 내장을 제거하고 분리한다 (➡ p.90). 냄비에 80℃ 정도의 물을 끓이고 몸통을 넣어 하얗게 될 때까지 담근다. 건져서 찬물에 넣는다.

## 4 오징어 다리도 따뜻한 물에 담갔다가 찬물에 넣는다

3의 냄비에 오징어 다리를 넣고 하얗게 될 때까지 담근다. 건져서 3의 찬물에 넣는다. 몸통과 다리 모두 표면을 손으로 문질러 미끈거리는 점액과 물기를 제거한다.

## 5 몸통과 다리를 손질해 소분한다

몸통에서 지느러미를 분리하고 폭 2㎝로 링의 형태로 썬다. 다리는 2~3개씩 나눈다.

## 6 뚜껑을 덮고 끓인다

다른 냄비에 2와 5의 오징어 다리, 조림국물 재료, 대파의 푸른 부분을 넣고 뚜껑을 덮어 센 불에 올린다. 끓으면 약한 중간 불로 줄이고 끓어오르는 상태에서 계속 끓인다.

## 7 토란이 익었는지 확인한다

20분 정도 끓이고 조림국물이 절반쯤 줄어들어 작은 거품이 나면 꼬챙이로 토란의 익은 정도를 확인한다.

토란이 익으면 거의 완성! 오징어 몸통은 빨리 끓여내야 하니 토란을 푹 익힙니다.

## 8 오징어 몸통을 넣는다

토란에 꼬챙이가 쑥 들어가면 대파의 푸른 부분을 꺼내고 오징어 몸통을 넣는다.

오징어 몸통을 토란과 토란 사이에 두면 얼룩이 적고 맛이 균일해집니다.

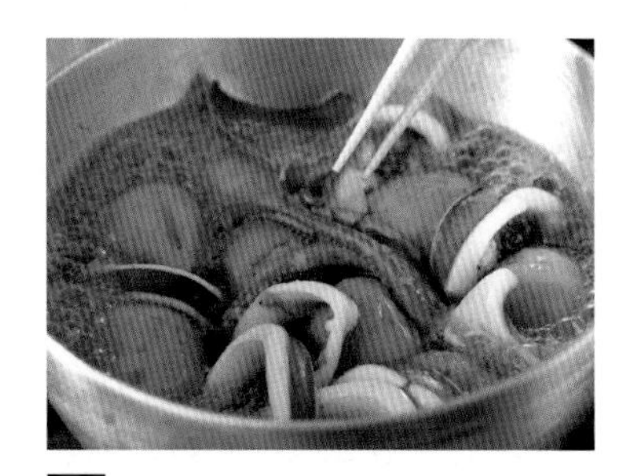

## 9 뚜껑을 덮고 다시 끓인다

뚜껑을 덮고 중간 불에 올려 조림국물이 끓어오르는 상태에서 1~2분 끓여 오징어 몸통에 조림국물이 스며들게 한다. 그릇에 담고 꼬투리째 먹는 완두콩을 곁들인다.

시간차를 두고 다리와 몸통을 넣어야 다리의 감칠맛이 조림국물에 스며들어 몸통이 부드럽게 완성됩니다.

맛있는 요세나베는 부재료를 계속 끓이지 않고
다 먹을 때까지 넣지 않는 것이 법칙

# 요세나베

## 부재료는 여러 번에 나누어 넣는다

김이 모락모락 나는 냄비요리는 참 맛있습니다. 하지만 부재료 하나하나를 정말 맛있게 먹고 있는지 생각해보세요. 여러 종류의 부재료를 함께 끓이는 일본식 모듬전골인 요세나베는 특히 무엇을 먹었는지 모를 때가 있습니다. 요세나베는 여러 번에 나누어 먹어야 맛있습니다. **재료를 넣어서 끓여 먹고, 또 재료를 넣어서 먹어야 제격입니다. 갓 익은 재료를 먹어보세요.** 재료를 오래 익히지 않기 때문에 부드러운 어패류의 감칠맛을 듬뿍 느낄 수 있습니다. 하지만 냄비에 재료가 남은 상태로 또 넣지는 마세요. 그러면 얼마나 익었는지 알 수 없답니다.

## 조림국물은 깔끔하고 깨끗하게

요세나베는 **조림국물에 육수를 쓰지 않습니다. 육수 대신 물을 사용**하는데, 부재료에서 감칠맛이 우러나와 그것만으로도 충분히 맛있기 때문입니다. 육수를 쓰면 감칠맛이 너무 강해져서 오히려 재료 본연의 맛이 떨어지게 됩니다. 재료의 조합 또한 아주 중요합니다. 어패류의 감칠맛(이노신산)과 채소의 감칠맛(글루탐산이나 구아닐산)은 다른 종류의 아미노산인데 이 둘이 합쳐지면 1 + 1 = 2 이상의 감칠맛이 됩니다. 이것을 '감칠맛의 상승효과'라고 합니다. 덕분에 육수의 감칠맛이 매우 풍부해지지요. 육수의 비율은 물 15 : 우스구치간장 1 : 맛술 0.5! 재료표에는 딱 떨어지는 분량으로 조정해놓았으니 이 점을 고려해주세요. 옛날에는 맛술의 비율이 간장과 같았지만, 요즘은 재료의 질이 좋아져 절반으로 줄였습니다.
끓일 때는 뚜껑을 덮지 않습니다. 이유는 가열하면서 맛술의 알코올과 함께 재료의 비린내가 날아가 맛이 깔끔해지기 때문입니다. 이 방법으로 요리하면 육수도 마지막까지 깨끗하고 맛있으니 우동이나 밥을 추가해 다 먹을 수 있답니다.

**재료 (2인분)**

- 대합 … 4개
- 금눈돔 … 50g × 4토막
- 새우 … 4마리
- 큰 배춧잎 … 4장
- 대파 … 3~4㎝ × 4개
- 쑥갓 … ½단
- 생표고버섯 … 4개
- 목면두부 … ½모

**◎ 조림국물** 약 15 : 1 : 약 0.5

- 물 … 1000㎖ ➡ 약 15
- 우스구치간장 … 70㎖ ➡ 1
- 맛술 … 30㎖ ➡ 약 0.5
- 다시마 … 10 × 10㎝ × 1장

**1 대합을 해감하고 소금기를 빼둔다**

대합은 염도 1.5~2%의 소금물(물 1ℓ + 소금 15~20g)에 덮개를 덮고 조용한 곳에 30분 두어 해감한다. 생수로 대합을 씻고 생수에 2~3분 담근다.

**2 금눈돔에 소금을 뿌려 20분 둔다**

바트에 소금을 뿌리고 금눈돔을 얹는다. 위에도 소금을 뿌리고 20분 둔다.

3에서 따뜻한 물에 담그기 때문에 소금의 양은 신경 쓰지 마세요.

**3 금눈돔을 따뜻한 물에 담갔다가 찬물에 넣는다**

80℃ 정도의 물을 준비하고 망국자에 2를 얹어 담근다. 하얗게 되면 건지고 찬물에 넣어 표면의 불순물을 제거한다.

이렇게 하면 조림국물이 탁해지지 않고 마지막까지 깔끔하게 먹을 수 있습니다.

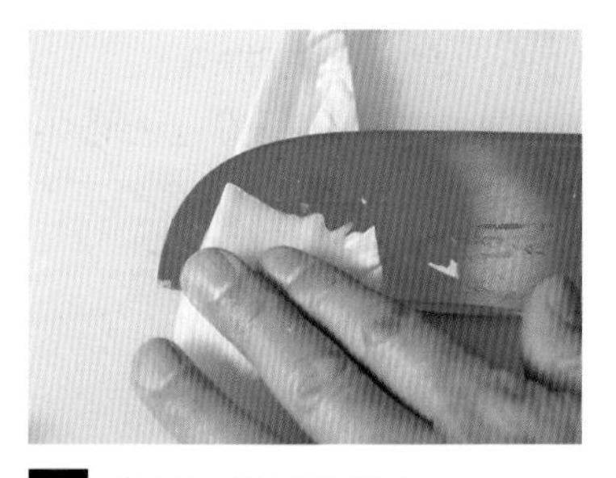

**4 배추를 비스듬히 썬다**

배추는 잎과 심 부분으로 나눈다. 심은 칼을 비스듬히 눕히고 썬다.

배추 심은 딱딱해요. 칼을 눕혀 얇게 썰어서 표면적을 넓게 해야 잘 익습니다.

**5 재료를 준비하고 그릇에 담는다**

새우는 꼬리 앞쪽을 비스듬히 자른다. 대파는 표면에 비스듬히 칼집을 내고(➡ p.49) 쑥갓은 적당한 크기로 나눈다. 생표고버섯은 밑동을 제거하고 목면두부는 4등분한다. 지금까지 손질한 재료들을 큰 접시에 옮겨 담는다.

**6 조림국물을 준비한다**

뚝배기에 물, 우스구치간장, 맛술, 다시마를 넣는다.

**7 1번째 부재료를 넣는다**

조림국물에 금눈돔, 대합, 두부, 생표고버섯, 대파를 각각 절반씩 넣고 중간 불에 올린다.

1번째는 메인 재료를 먹습니다. 먼저 금눈돔과 대합을 넣어야 어패류의 감칠맛이 육수에 녹아듭니다.

**8 불순물이 생기면 건져낸다**

육수가 끓고 대합의 불순물이 나오면 국자로 제거한다.

**9 대합의 입이 열리면 먹는다**

가볍게 끓는 상태를 유지하다가 대합의 입이 전부 열리면 그릇에 담는다.

대합의 입이 열릴 정도의 시간이면 금눈돔도 적당히 익습니다. 오래 끓이지 않으니 재료들이 전부 부드럽고 촉촉합니다.

## 10 쑥갓을 조림국물에 넣어 곁들인다

재료를 전부 그릇에 담는다. 쑥갓의 절반을 조림국물에 담갔다가 살짝 익으면 그릇에 담아 먹는다. 조림국물이 조려지지 않도록 냄비의 불을 끈다.

조림국물도 같이 먹어보세요. 어패류의 감칠맛과 채소의 감칠맛의 상승효과로 더 맛있고, 물과 재료만 넣었다고 생각할 수 없을 정도의 깊은 맛이 납니다.

## 11 2번째 재료를 넣는다

다시 10의 냄비에 새우와 배추를 반씩 넣고, 남은 대파와 두부도 넣어 약한 불에 올린다.

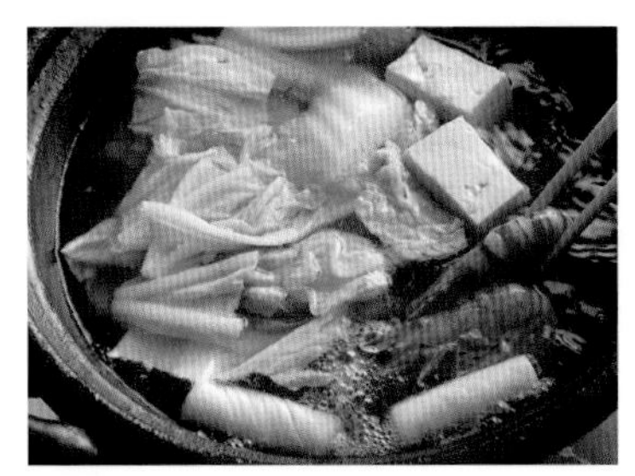

## 12 새우가 익으면 완성

5분 정도 끓이고 새우의 색이 빨갛게 변하면 딱 먹기 좋은 타이밍이다.

## 13 그릇에 담아서 먹는다

냄비의 재료를 전부 그릇에 옮겨 먹는다. 다시 냄비의 불을 끈다.

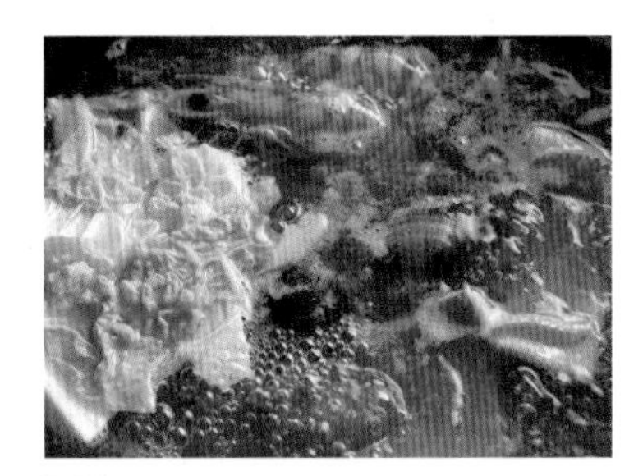

## 14 3번째 재료를 넣는다

13의 냄비에 쑥갓 이외의 남은 재료를 전부 넣어 중간 불에 올린다.

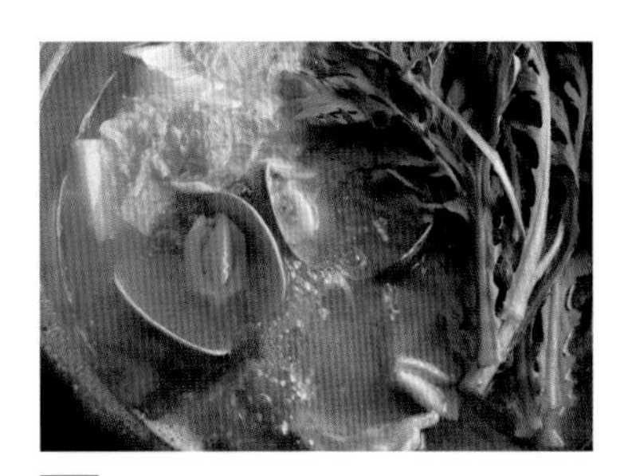

## 15 쑥갓을 넣는다

대합의 입이 열리면 쑥갓을 넣고 익자마자 그릇에 담아 먹는다.

### Chef's voice

구운 양배추도 감칠맛이 응축되어 맛있습니다. 재료를 다 먹은 후에 우동이나 밥을 넣고 가볍게 끓이면 또 다른 별미가 됩니다. 어패류와 채소의 감칠맛이 듬뿍 녹아들어 있어 맛있는 조림국물을 남기는 일은 쉽지 않을 겁니다.

# 【응용】 접대용 회

**정말 맛있는 초절임은 '절이지 않는다'**

## 전갱이 초절임

옛날의 전갱이 초절임은 표면이 하얗고 퍽퍽하며 먹으면 진한 신맛이 입안에 퍼지곤 했습니다. 냉장고가 없던 시절, 오래 보관하기 위해 장시간 식초에 담가서 그렇습니다. 하지만 지금은 그때와 똑같은 방법으로 만들면 안 됩니다. **신선한 전갱이 초절임은 '절이지 않아야' 더 맛있기 때문**입니다. 표면이 서리가 내린 것 같은 모습이며 가르면 날것인 상태야말로 전갱이의 감칠맛을 제대로 느낄 수 있고 깔끔하게 먹을 수 있는 상태입니다. 이것이 요즘 시대의 초절임입니다. 초절임의 목적은 기름진 생선을 식초의 신맛으로 부드럽게 만들어 담백하게 먹는 것입니다. 전갱이를 산마이오로시 해두면 조리하는 시간이 30분 정도 걸립니다. 가정에서 만든다면 먹기 직전에 만들어야 맛있습니다. 접대할 때는 소금을 뿌려 냉장고에 넣어두고 손님이 온 후에 식초에 살짝 절입니다. 곁들임 오이 2종도 함께 소개합니다. 그 외에 취향껏 좋아하는 곁들임 재료를 세팅해보세요.

**재료 (2인분)**

- 전갱이 … 150g × 2마리
- 소금 … 4.5g (전갱이 중량의 3%)
- 식초 … 적당량
- 오이 … ½개
- 국화 … 적당량
- 생강 … 1쪽
- 도사식초 (➡ p.99) … 1큰술

**준비**

- ⊙오이 뱀비늘 썰기를 만든다(➡ p.85).
- ⊙국화는 꽃잎을 떼어내고 데쳐서 물기를 뺀다.
- ⊙생강은 얇게 썰고 가늘게 채 썬다.

일식으로 접대하는 자리에 꼭 등장하는 회.
조금만 신경 쓰면 계절감이 감돌고 손님도 맛있게 먹을 수 있습니다.

**1 전갱이를 세 장 뜨기한다**

전갱이는 머리와 내장을 제거하고 물에 씻어 세 장 뜨기한다(➡ p.90).

**2 양면에 소금을 뿌린다**

바트에 소금을 뿌리고 1의 전갱이를 겹치지 않게 늘어놓는다. 위에도 소금을 뿌리고 20분 둔다. 물에 씻고 키친타월로 물기를 닦는다.

**3 식초에 절인다**

다른 바트에 2를 늘어놓고 전갱이가 잠길 정도의 식초를 넣어 5분 절인다.

식초의 양을 줄이고 싶다면 절반만 넣으세요. 키친타월을 전체적으로 빈틈없이 덮는 것도 잊지 마시고요.

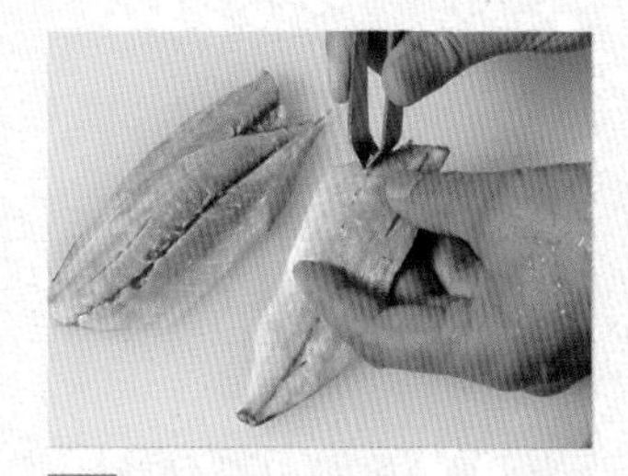

**4 중간뼈를 제거하고 썰어낸다**

전갱이를 건져서 물기를 닦고 도마에 얹어 핀셋으로 중간뼈를 제거한다. 손가락으로 문지르면 찾기 쉽다. 반대로 뒤집어 머리 쪽에서 꼬리를 향해 껍질을 벗긴다. 포를 뜨고 껍질 몇 군데에 칼집을 넣는다. 그릇에 전갱이, 오이 뱀비늘 썰기를 담고 국화와 생강을 곁들인 후 도사식초를 뿌린다.

중간뼈를 제거하고 식초에 절이면 NG. 식초에 절이고 나서 중간뼈를 제거합니다.

## 장식용 오이 만드는 법

색이 아름답고 식감도 좋은 오이를 간단하게 장식으로 만드는 방법을 알아볼까요? '오이 뱀비늘 썰기'는 마치 구부러진 뱀 같은 모습으로 완성됩니다. 오이는 아삭하면서 식감이 부드러워 초절임으로 쓸 수 있습니다. 옅은 녹색이 예쁜 깎아썰기도 알아두면 유용합니다.

### 오이 뱀비늘 썰기

**만드는 법**

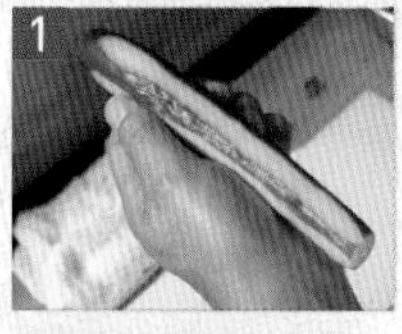

1 오이 껍질에 세로무늬가 나게 네 부분을 벗기고 소금을 뿌려 도마 위에서 굴린다.

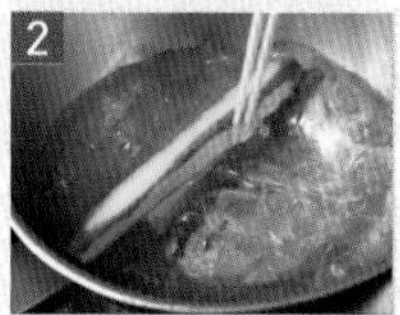

2 냄비에 물을 끓이고 오이를 살짝 담가 색을 낸다.

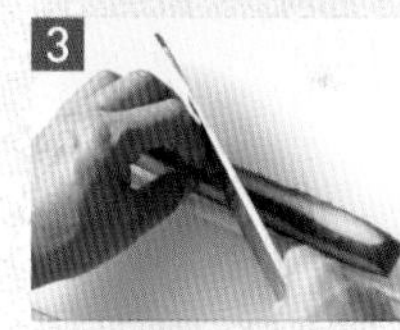

3 도마에 얹은 젓가락 위에서 손질한 오이에 비스듬히 칼집을 넣는다. 뒤집어서 칼집을 똑같이 넣는다.

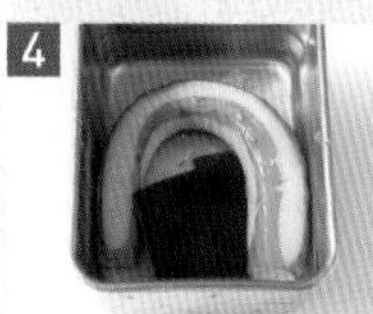

4 진한 소금물(염도 1.5%의 소금물)에 3 × 3㎝의 다시마를 넣고 3을 담가 절인다.

### 오이 깎아썰기

**만드는 법**

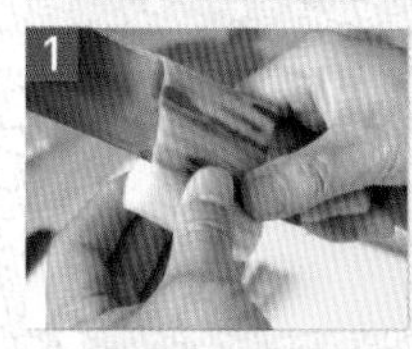

1 오이를 5㎝ 길이로 썰고 겉껍질을 벗긴다. 왼손으로 오이를 잡고 돌리면서 오른손의 칼을 위아래로 움직인다.

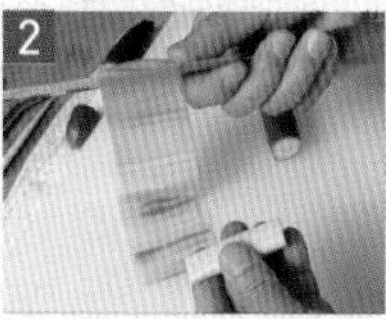

2 씨가 있는 가운데 부분까지 얇게 벗긴다. 다시마를 넣은 진한 소금물(염도 1.5%의 소금물)에 담가 절인다.

**2시간 이상 절이지 말 것, 다시마 비린내가 난다**

# 가자미 다시마절임

다시마절임도 초절임과 마찬가지로 '오래 절일수록 맛있다'고 오해받는 요리 중 하나입니다. 흰살생선이나 고등어, 전갱이 등의 생선에 다시마의 고급스러운 감칠맛을 더하는 방법인데, 다시마는 저렴해도 상관없습니다. 감칠맛을 더하기만 하면 되고 **다시마에 끼우는 시간은 2시간이면 충분합니다.** 그 이상 절이면 생선에 다시마 비린내가 나서 재료의 맛이 손상될 수 있습니다. 극단적으로 말하면 다시마절임은 다시마의 맛이 나면 안 됩니다. 그러니 전날부터 준비하지 말고 **먹는 당일에 만드세요.** 생선은 다시마에 절이기 전에 식초에 살짝 담가 비린내를 제거합니다. 오래 담그면 살이 퍽퍽해지고 촉촉함이 사라지니 주의하세요. 오랜 시간 양조된 식초는 신맛이 날아가면 감칠맛이 남습니다. 그 맛이 숨은 맛입니다.

**재료 (2인분)**

- **가자미 … 1토막**
- **소금 … 적당량**
- **식초 … 적당량**
- **다시마 … 10 × 20㎝ × 2장**
- **영귤 … ½개분**
- **쑥갓 … 1개**
- **가감식초 (➡ p.98) … 2큰술**

**준비**

- ⊙쑥갓은 데쳐서 물기를 짜고 먹기 좋은 크기로 썬다.
- ⊙영귤은 얇게 썰어둔다.

## 1 소금을 뿌려 밑간한다

바트에 소금을 뿌리고 가자미 토막을 얹는다. 위에도 소금을 뿌리고 20분 둔다.

소금은 전체적으로 얇게! 식초에 담갔다 뺄 때 남은 소금은 떨어집니다.

## 2 식초를 살짝 묻힌다

식초를 뿌려 바로 뒤집어 양면 모두 식초를 묻힌다. 이것을 '식초에 씻기'라고 한다.

푹 담그지 말고 표면을 살짝 식초에 묻히기만 하면 OK.

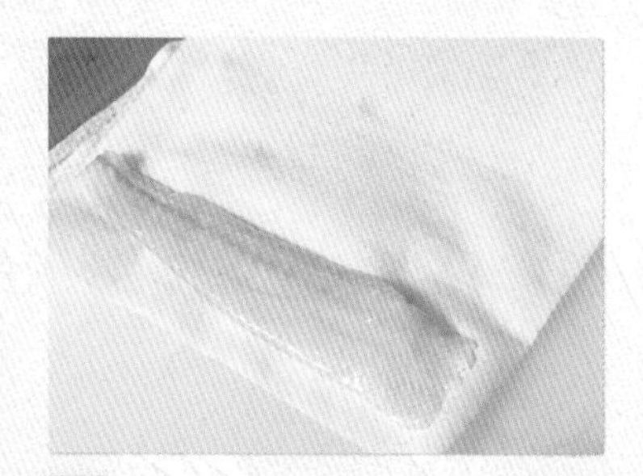

## 3 식초를 닦아낸다

행주나 키친타월에 2를 얹고 살짝 누르듯이 식초를 닦아낸다.

식초의 감칠맛을 은은하게 머금어 흰살생선에 깊은 맛이 생깁니다.

## 4 다시마를 닦는다

다시마의 표면을 마른행주나 키친타월로 닦아 불순물을 없앤다.

불순물이 없어지면서 생선과 잘 어우러집니다.

## 5 다시마에 가자미를 얹는다

다시마 2장을 조금 겹쳐 깐다. 3을 다시마 위에 얹는다.

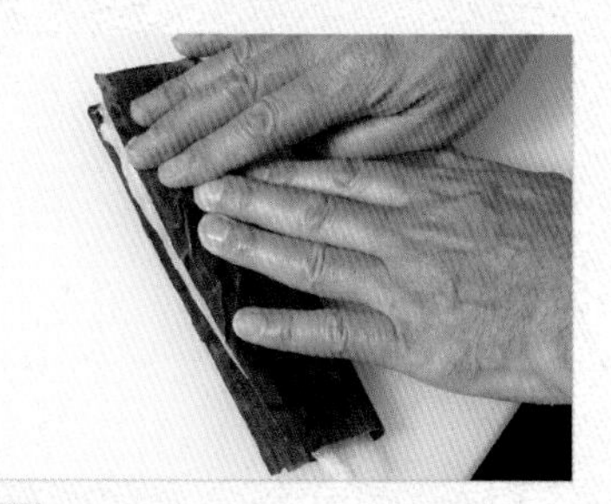

## 6 다시마 사이에 가자미를 끼운다

앞쪽의 다시마를 가자미 위에 덮는다.

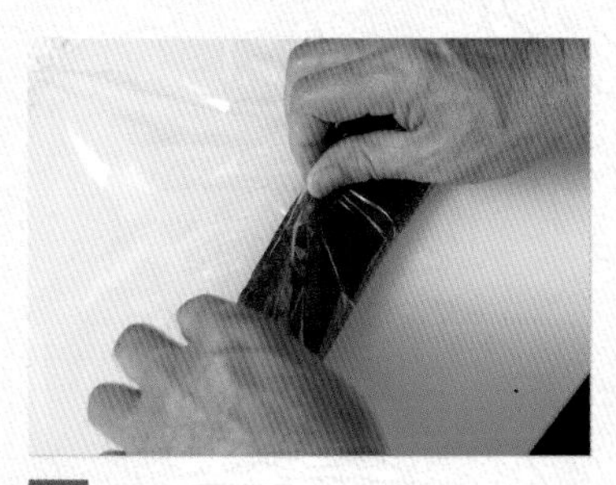

## 7 랩으로 싼다

랩으로 잘 싸서 전체를 덮는다.

## 8 무거운 물건을 올려놓는다

바트 2장 사이에 랩으로 싼 가자미를 끼우고 무거운 물건을 얹는다. 2시간 다시마절임을 한다.

## 9 완성

조금 하얗고 윤기가 나는 상태. 꺼내서 칼을 눕혀 포를 뜨고 영귤을 사이사이에 끼운다. 그릇에 담고 쑥갓을 곁들여 가감식초를 뿌린다.

# 사계절 오징어 요리

## 소용돌이 모양 오징어 채소무침

오징어와 김을 말아 소용돌이 모양을 심플하게 형상화한 요리. 여러 종류의 향기 나는 채소를 함께 곁들이며, 어린 풀이 싹 트는 봄에 어울립니다.

**재료 (2인분)**

**오징어 몸통 … ½마리분**
**조미김 … 1장**
**싹눈파 … 1단**
**대파 … 4㎝ × 2개**
**붉은 여뀌 … 적당량**
**미나리잎 … 적당량**

**만드는 법**

1 오징어 몸통은 껍질을 벗기고 물에 씻은 후 키친타월로 물기를 닦아낸다. 세로 2㎜ 간격으로 칼집을 넣는다.

2 냄비에 70℃ 정도의 물을 끓이고 1을 체에 넣어 15초 정도 따뜻한 물에 담근다. 찬물에 씻고 키친타월로 물기를 닦아낸다. 칼집 있는 쪽을 아래로 하여 조미김을 얹고 돌돌 말아 1㎝ 폭으로 썬다.

3 싹눈파는 길이를 절반으로 자르고, 대파는 시라가네기로 만들어 물에 담갔다가 물기를 뺀다. 붉은 여뀌, 미나리잎도 함께 넣고 물기를 잘 뺀다.

4 1㎝ 폭으로 썬 2를 그릇에 담고 채소들을 풍성하게 담는다.

## 덩굴 모양 오징어무침

오징어는 저온의 물에 담갔다가 빼면 식감이 부드러워지고 단맛도 증가합니다. 칼집을 넣어 예쁜 덩굴 모양으로 만들고 여름철 향신료인 차조기잎을 곁들여 상큼하게 먹습니다.

**재료 (2인분)**

**오징어 몸통 … ½마리분**
**차조기잎 … 5장**

**만드는 법**

1 껍질을 벗긴 오징어 몸통은 물에 씻은 후 키친타월로 물기를 닦아낸다. 세로 5㎝ 폭, 12㎝ 길이로 썬다. 칼을 눕혀 오징어 두께의 절반 정도의 깊이로 잘려나가지 않도록 4~5군데 칼집을 넣는다. 칼집에 수직 방향으로 3~5㎜ 폭으로 썬다.

2 냄비에 약 70℃의 물을 끓이고 1을 체에 넣어 10초 정도 담근다. 찬물에 씻고 키친타월로 물기를 닦아낸다.

3 차조기잎을 채 썬다.

4 볼에 2와 3을 넣고 버무려서 보기 좋게 그릇에 담는다.

일식은 주재료가 같아도 정취나 향을 바꾸면 계절감을 낼 수 있습니다. 요리 이름에 각 계절의 정취가 떠오르는 표현을 쓰는 것도 일식의 매력입니다. 각 계절이 연상되는 다양한 오징어요리를 소개합니다. 기호에 따라 간장이나 와사비를 곁들여도 좋습니다.

## 솔방울 모양 오징어무침

오징어에 격자 모양으로 칼집을 넣고 따뜻한 물에 담그면 칼집이 열리면서 솔방울 모양으로 변신합니다. 이때도 저온의 물을 사용해야 단맛이 증가합니다. 유자향과 국화로 가을의 정취를 느껴보세요.

**재료 (2인분)**

**오징어 몸통 … ½마리분**
**청유자 … ½개**
**영귤 … ½개분**
**파드득나물 줄기 … 2개분**
**국화 … 적당량**

**만드는 법**

1 파드득나물 줄기는 따뜻한 물에 살짝 데치고 물기를 짜서 3~4㎝ 길이로 썬다. 국화는 꽃잎을 떼어내 식초를 넣은 따뜻한 물에 데친 후 물기를 짠다.

2 오징어 몸통은 껍질을 벗기고 물에 씻은 후 키친타월로 물기를 닦아낸다. 세로 폭 4㎝로 썰고 껍질 쪽에 칼을 눕혀 비스듬한 격자무늬 칼집을 넣는다. 2 × 3㎝로 썬다.

3 냄비에 약 70℃의 물을 끓이고 2를 체에 넣어 10초 정도 담근다. 찬물에 씻고 키친타월로 물기를 닦아낸다.

4 청유자를 강판에 갈아 3에 뿌린다.

5 그릇에 4와 얇게 썬 영귤을 담고 데친 파드득나물 줄기와 국화를 곁들인다.

## 오징어 다시마가루무침

명주다시마를 풀어서 뿌린 모습이 마치 나이 든 백발노인을 떠올리게 합니다. 약간의 수고로 가정에서도 간단히 만들 수 있는, 손님 접대용으로 훌륭한 요리입니다. 명주다시마를 볶다가 풀어서 참기름을 섞으면 간단한 후리카케로 변신합니다.

**재료 (2인분)**

**오징어 몸통 … ½마리분**
**명주다시마 … 5g**
**와사비 … 적당량**

**만드는 법**

1 오징어 몸통은 껍질을 벗기고 물에 씻은 후 키친타월로 물기를 닦아낸다. 세로 폭 6㎝로 썰고 가로로 가게 두어 잘게 썬다.

몸통이 얇은 어패류에 쓰이는 '잘게 썰기'는 세로로 잘게 써는 방법입니다.

2 냄비에 약 70℃의 물을 끓이고 1을 체에 넣어 10초 정도 담근다. 찬물에 씻고 키친타월로 물기를 닦아낸다.

3 명주다시마를 프라이팬에 넣고 약한 불에서 볶아 식힌다. 손으로 풀어서 분말 상태로 만든다. 2와 버무려서 그릇에 담고 와사비를 곁들인다.

## 생선 밑손질

# 세 장 뜨기 (산마이오로시)

생선 한 마리를 몸통 좌우와 뼈의 세 군데로 가르는 세 장 뜨기. 전갱이로 소개합니다.

**단단한 비늘부터 제거한다**

머리를 왼쪽으로 두고 칼을 눕혀 꼬리에서 머리를 향해 단단한 비늘을 제거한다. 뒤쪽도 똑같이 한다.

단단한 비늘은 전갱이만 있어요. 다른 생선은 이 작업이 필요 없습니다.

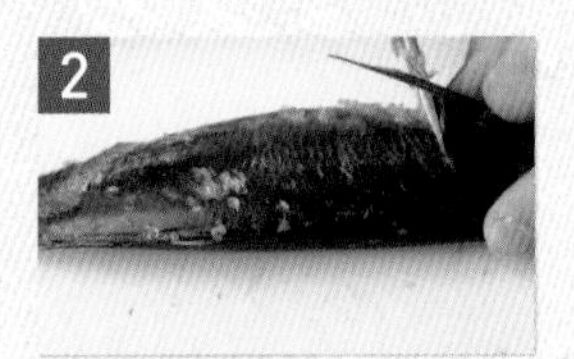

**비늘을 없앤다**

꼬리에서 머리를 향해 칼끝으로 표면을 가볍게 문지르면서 생선 전체의 비늘을 벗긴다. 뒤쪽도 똑같이 한다.

**머리를 잘라낸다**

칼을 조금 비스듬히 눕히고 왼손으로 가슴지느러미를 잡는다. 가슴지느러미의 끝에서 칼을 넣고 그대로 머리를 잘라낸다.

**내장을 제거한다**

꼬리를 앞쪽으로, 배를 오른쪽으로 향하게 두고 가슴지느러미에서 비스듬히 분리한다. 칼끝으로 말끔히 내장을 긁어낸다.

**뱃속을 씻고 물기를 닦아낸다**

칫솔로 뱃속을 가볍게 문질러 피나 생선살의 거무스름한 부분을 닦아낸다. 흐르는 물에 가볍게 헹구고 껍질이나 뱃속 물기를 키친타월로 제거한다.

**윗부분을 안쪽 뼈까지 자른다**

꼬리를 앞쪽으로 두고 생선을 세로로 둔 후 칼을 눕혀 배 쪽에서 중간뼈 위로 칼을 넣는다. 칼의 면이 뼈에 닿으면 칼을 움직여 안쪽 뼈까지 자른다.

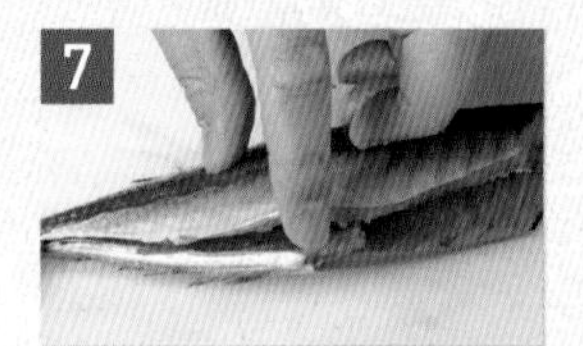

**윗부분을 분리한다**

왼손으로 윗부분을 벌리고 칼을 세워 안쪽 중간뼈의 위를 문지르듯이 한다. 다시 칼을 눕혀 등 쪽의 뼈를 따라 자르고 살을 분리한다.

**아랫부분도 분리한다**

뒤집어서 머리를 앞쪽으로 두고 6~7과 같이 살을 분리한다.

# 오징어 내장 손질법

오징어는 크게 지느러미, 몸통, 내장, 다리로 나뉘는데 부위별로 용도가 다릅니다.
오징어 한 마리를 손질하는 방법을 소개합니다.

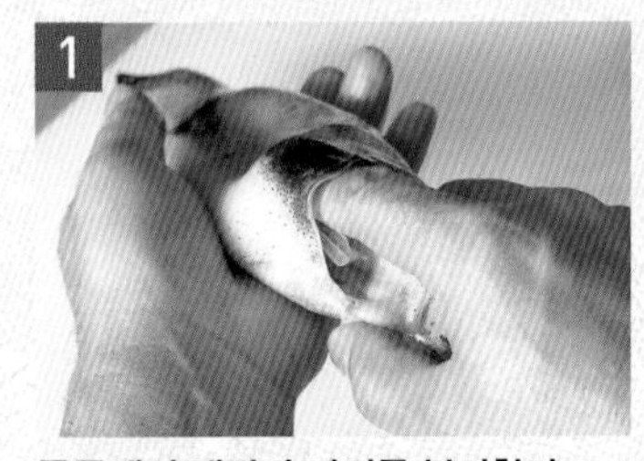

**몸통에서 내장과 다리를 분리한다**

왼손에 오징어를 들고 오른손 검지를 몸통을 따라 넣는다. 가운데 부근에 있는 내장과 몸통의 힘줄을 분리한다.

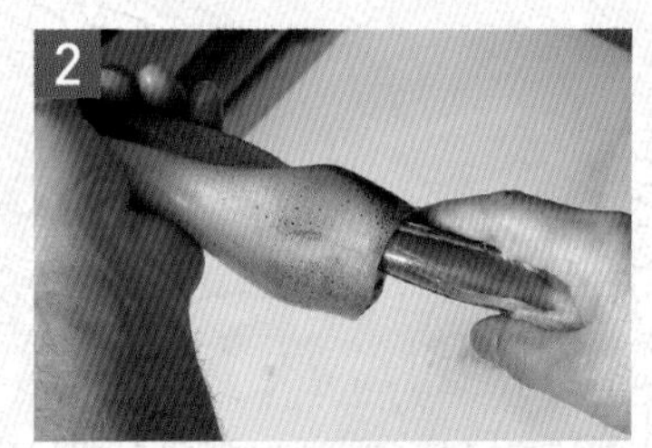

**내장을 뺀다**

힘줄을 완전히 분리하면 내장을 살살 잡아 당기면서 빼낸다. 세게 잡으면 내장막이 파손될 수 있으니 주의한다.

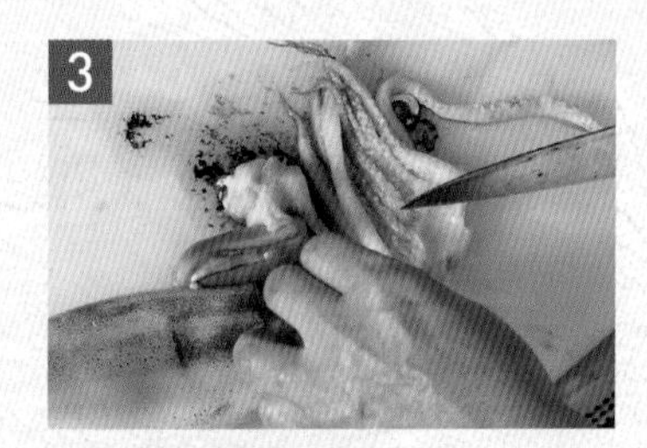

**내장과 다리를 분리한다**

도마에 놓고 내장과 다리를 칼로 분리한다. 이러면 지느러미가 달린 몸통, 다리, 내장으로 나눌 수 있다.

제 3 장

# 전채요리와 곁들임 반찬

곁들임 반찬으로 가볍게 먹을 수 있는 전채요리.

주로 계절 채소를 쓰는 까닭에 식탁에 계절감을 선사함은 물론

메인요리에 부족한 채소나 해조류를 보충할 수 있습니다.

접대할 때 자신 있게 낼 수 있는 초무침도 소개합니다.

 위 그릇_요시무라 마사야, 아래 그릇_쓰루노 게이지(소라)

소송채는 80℃에서 데치면 맛이 완전히 다르다
시금치는 100℃도 괜찮다, 둘의 차이는?

# 소송채 오히타시
# 가지 시금치 니비타시

---

### 오히타시와 니비타시의 차이

오히타시는 차갑고 아삭아삭한 채소의 청량한 맛을 절임액과 함께 먹는 요리입니다. 사용하는 채소는 한 가지여도 괜찮고요. 반면 니비타시는 푸른잎채소와 버섯 등 여러 재료를 끓여서 각각의 감칠맛을 내고 조림국물에 담가 맛을 머금게 하는 요리입니다. 따뜻해서 맛이 잘 스며들겠지요? 오히타시보다 절임액이 싱거운 이유입니다. 오히타시는 육수 5 : 간장 1 : 청주 0.5이지만 니비타시는 육수 10 : 간장 1 : 맛술 0.5로 육수량이 2배입니다.

### 소송채와 시금치는 데치는 방법이 다르다

소송채든 시금치든 데치기 전에 수분을 머금어 탱탱하게 만들어두어야 합니다. **잎이 싱싱하면 빨리 익고 데치는 시간이 짧습니다.** 재료가 가진 수분을 통해 열이 전달되어 데쳐지기 때문에 수분이 많으면 열전도는 빨라질 수밖에 없습니다. 재료가 말라 있다면 잘 익지 않으니 어쩔 수 없이 오래 데쳐야 합니다.
보통 푸른잎채소는 뜨거운 물에 소금을 넣어 데치곤 하는데, 시금치는 그 방법을 써도 되지만 **소송채는 80℃의 물에서 데쳐야 재료의 풍미가 진해집니다.** 오히타시는 데치는 정도가 맛을 결정하는 요리입니다. 온도를 잘 지켜야 합니다. 소송채 같은 유채과 식물이나 무, 순무, 콜리플라워, 브로콜리, 양배추, 청경채, 유채 등은 80℃에서 데치면 중심 온도가 50℃ 전후가 되어 효소가 작용하고 특유의 미미한 매운맛과 향이 나서 아주 맛있어집니다.

### ◆ 소송채 오히타시

**재료 (2인분)**

소송채 … ¼단

◘ 절임액 5:1:0.5
- 1번째 육수 (➡ p.11) … 200㎖ ➡ 5
- 간장 … 40㎖ ➡ 1
- 청주 … 20㎖ ➡ 0.5
- 가다랑어포 … 2g

### ◆ 가지 시금치 니비타시

**재료 (2인분)**

가지 … 1개
시금치 … ¼단
생표고버섯 … 2개

◘ 조림국물 10:1:0.5
- 1번째 육수 (➡ p.11) … 200㎖ ➡ 10
- 우스구치간장 … 20㎖ ➡ 1
- 맛술 … 10㎖ ➡ 0.5

튀김유 … 적당량

소송채 오히타시 만드는 법

**1 소송채를 물에 담근다**

볼에 물을 넣고 소송채 줄기를 담가 싱싱한 상태로 만든다.

**2 절임액을 만든다**

냄비에 절임액 재료를 넣고 약한 중간 불에 올려 한소끔 끓인다. 걸러서 식힌다.

가다랑어포는 차가운 상태에서 서서히 온도를 높여야 감칠맛이 잘 우러나옵니다.

**3 80℃ 정도의 물을 준비한다**

냄비에 물 1ℓ를 끓이고 얼음 3~4조각을 넣는다. 그러면 약 80℃다.

**4 줄기부터 데친다**

3의 물에 소송채를 뿌리부터 넣고 2분 정도 담가 데친다.

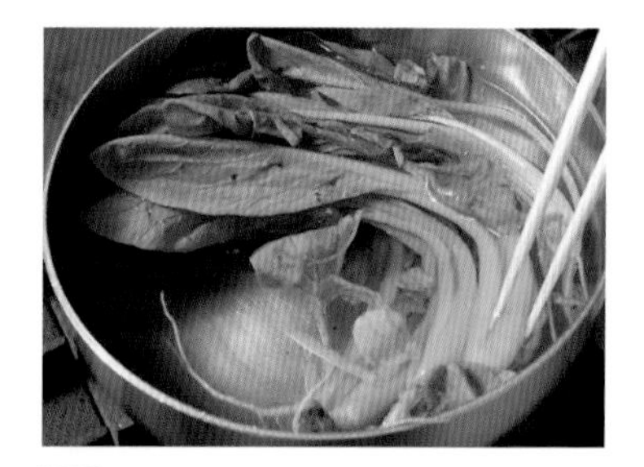

**5 잎도 시간차를 두고 데친다**

잎도 물에 넣고 3분 정도 담가 데친다.

**6 찬물에서 색이 빠지지 않게 한다**

소송채를 찬물에 넣고 잔열을 날린 다음 물기를 꼭 짠다. 5㎝ 길이로 썬다.

**7 절임액에 담근다**

6을 2에 15분 정도 담가 맛이 배어들게 한 후 그릇에 담는다.

## 가지 시금치 니비타시 만드는 법

### 1 시금치를 물에 담근다

볼에 물을 넣고 시금치 줄기를 담가 싱싱한 상태로 만든다.

탱탱한 상태로 만들면 열전도가 좋아져서 데치는 시간이 짧아집니다. 시금치는 오래 데치면 아린 맛이 나니 주의하세요.

### 2 가지를 튀기고 기름기를 뺀다

가지는 위아래를 잘라내고 세로로 2등분한 다음 다시 길게 3등분한다. 튀김유를 170℃로 가열하여 탄 색이 나지 않도록 가지를 살짝 튀겨 체에 옮긴다. 냄비에 물을 끓이고 조금 떠서 가지에 부어 기름기를 뺀다. 생표고버섯은 밑동을 제거하고 얇게 썬다.

### 3 시금치를 데친다

2의 물에 1을 줄기부터 넣어 20초 정도 데치고 익으면 잎을 담가 20초 더 데친다. 건져서 찬물에 넣었다가 물기를 짜고 4㎝ 길이로 썬다.

데치는 시간이 1분 이내라면 시금치 특유의 아린 맛, 수산(옥살산)이 나오지 않습니다.

### 4 여러 재료를 끓인다

냄비에 조림국물 재료, 2의 가지와 생표고버섯을 넣어 중간 불에 올린다.

### 5 시금치를 넣는다

한소끔 끓고 생표고버섯이 익으면 3을 넣어 맛이 배어들게 한다.

### 6 조림국물에 담근다

바로 불을 끈 상태에서 10분 정도 담갔다가 그릇에 담는다.

시금치가 흐물흐물해지면 NG. 가지와 생표고버섯이 익으면 시금치를 넣은 후 바로 불에서 내립니다.

### Chef's voice

가지를 튀겨서 사용했지만, 기름의 감칠맛을 더하고 싶다면 유부도 괜찮습니다. 뜨거운 물을 부어 기름기를 빼고 잘게 채 썰어 조림국물에 대두의 감칠맛을 올려보세요.

비율을 바꾸는 순간, 전채요리의 변화가 펼쳐지는

# '초무침'의 기본

대표적인 곁들임 반찬인 초무침은 입안이 상큼해져서 메인 반찬의 입가심용으로 안성맞춤입니다. 초무침용 혼합식초의 기본은 **깔끔하게 먹고 싶다면 2배식초, 감칠맛도 원한다면 3배식초,** 이렇게 두 가지입니다. 일단 기억해두었다가 다양하게 응용해보고 요리의 폭도 넓혀보세요. 초무침용 식초는 곡물식초면 충분합니다. 쌀식초는 향이, 고급식초는 감칠맛이 너무 강하다는 단점이 있습니다. 식초의 신맛만 살려 재료 고유의 맛을 돋보이게 하려면 특별한 식초는 쓰지 않아도 됩니다. 그보다 **식초를 가볍게 끓여 신맛을 날린 후에 쓰는 방법**을 추천합니다. 소량이라면 전자레인지를 활용해보세요. 이 방법이라면 초무침에 자신 없던 사람도 맛있게 만들 수 있답니다. 신맛을 날리면 양조식초 특유의 감칠맛이 나타나 맛에 깊이도 더해집니다.

 아래 그릇_나가모리 게이(소라)

# 혼합식초 응용 편

## 2배식초

단맛이 없어 재료를 깔끔하게 먹을 때 쓴다. 맛이 강해 원래는 찍어 먹는 소스였다.

**1 : 1**
식초 간장

## 3배식초

단맛으로 감칠맛을 내기 때문에 재료의 감칠맛이 싱거울 때 쓴다. 2배식초처럼 원래는 찍어 먹는 소스였다.

**1 : 1 : 1**
식초 간장 맛술 (또는 설탕)

### 가감식초

육수를 넣은 식초. 이것만으로 맛있게 먹을 수 있다. 식초도 함께 먹을 때 쓴다.

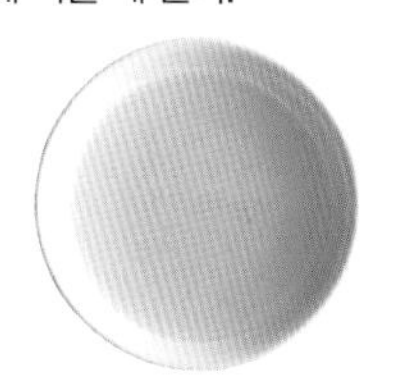

**7 : 1 : 1 + 가다랑어포**
1번째 육수 식초 우스구치간장

### 스비타시

가감식초와 사용법은 같다. 가감식초보다 신맛이 강해 깔끔하게 먹을 때 쓴다.

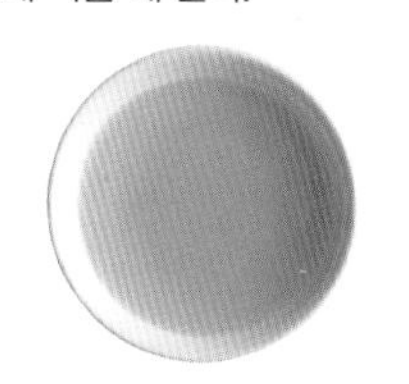

**5 : 1 : 1 + 가다랑어포**
1번째 육수 식초 우스구치간장

### 도사식초

식초를 많이 넣고 3배식초를 변형시켜 육수로 감칠맛을 더했다. 이것만으로도 맛있다.

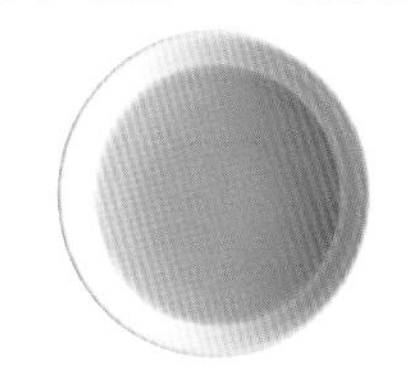

**3 : 2 : 1 : 1**
1번째 육수 식초 간장 맛술

### 난반식초

도사식초의 변형. 육수와 설탕으로 감칠맛을 내고 신맛도 강하게 만든 난반즈케 소스다.

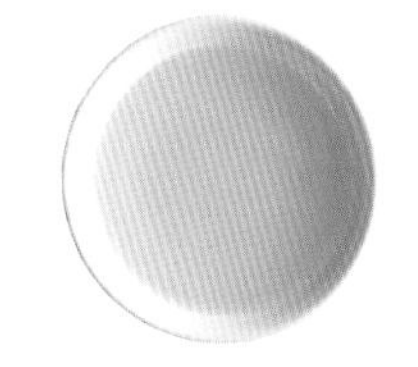

**7 : 3 : 1 : 1 : 약 0.5**
1번째 육수 식초 우스구치간장 맛술 설탕

#### 깨식초

도사식초 + 굵게 간 흰깨. 찜닭이나 삶은 돼지고기에 뿌려 먹는다.

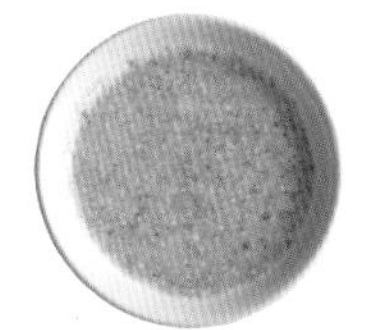

**도사식초 30ml**
**+**
**흰깨 15g**

#### 오이즙식초

도사식초 + 오이즙. 식초에 절인 생선이나 따뜻한 물에 살짝 데친 오징어에 뿌려 먹는다.

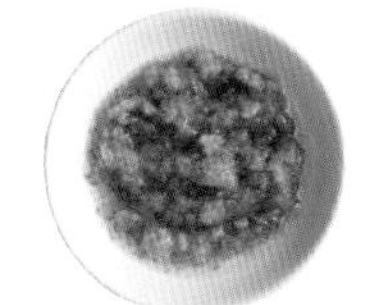

**도사식초 30ml**
**+**
**오이즙 1개분**

#### 무즙식초

도사식초 + 무즙. 따뜻한 물에 살짝 데친 소고기에 뿌려 먹는다.

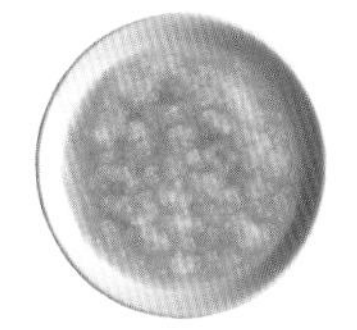

**도사식초 30ml**
**+**
**무즙 30g**

2배식초로 만든

# 삶은 문어 미역 초무침

**재료 (2인분)**

문어숙회 … 6점
미역 … 40g
오이 … ⅓개

◎ 2배식초 [1:1]
- 식초 … 30㎖ ➡ 1
- 간장 … 30㎖ ➡ 1

생강 … 적당량
소금 … 적당량

**만드는 법**

1 볼에 물과 1.5%의 소금(물 200㎖ + 소금 3g)을 녹여 진한 소금물을 만든다. 오이를 송송 썰고 소금물에 담가 푹 절인다.

2 불린 미역은 5㎝ 길이로 썬다.

3 작은 냄비에 2배식초 재료를 넣어 중간 불에 올리거나 전자레인지에서 한소끔 끓인 후 그대로 식힌다.

4 물기를 짠 1과 2를 작은 그릇에 담고 3의 2배식초를 1~2큰술 뿌린 후 가늘게 채 썬 생강을 곁들인다.

## 2배식초 응용

가감식초로 만든

### 큰실말 초무침

**재료 (2인분)**

큰실말 … 100g
참마 … 10g
생강 … 적당량

◎ 가감식초 [7:1:1]
- 1번째 육수 (➡ p.11) … 100㎖ ➡ 7
- 식초 … 15㎖ ➡ 1
- 우스구치간장 … 15㎖ ➡ 1
- 가다랑어포 … 적당량

**만드는 법**

1 냄비에 물을 끓이고 깨끗이 씻은 큰실말을 체에 넣어 살짝 담갔다가 뺀다. 찬물에 담그고 물기를 뺀다. 참마는 간다.

2 작은 냄비에 가감식초 재료를 넣어 중간 불에 올린다. 한소끔 끓으면 거르고 찬물에서 식힌다.

3 손질한 1의 큰실말을 먹기 좋은 크기로 자르고 가감식초에 10분 담근다. 가감식초 적당량과 함께 그릇에 담고 가늘게 채 썬 생강, 갈아놓은 참마를 곁들인다.

스비타시로 만든

### 우무

**재료 (2인분)**

우무 … 300g
양하 … ½개
차조기잎 … 4장
생강즙 … 적당량

◎ 스비타시 [5:1:1]
- 1번째 육수 (➡ p.11) … 150㎖ ➡ 5
- 식초 … 30㎖ ➡ 1
- 우스구치간장 … 30㎖ ➡ 1
- 가다랑어포 … 2g

**만드는 법**

1 냄비에 스비타시 재료를 넣어 중간 불에 올린다. 한소끔 끓으면 거르고 찬물에서 식힌다.

2 양하와 차조기잎은 가늘게 채를 썬다.

3 우무의 물기를 짜고 그릇에 담는다. 스비타시를 적당량 담고 2와 생강즙을 곁들인다.

3배식초로 만든

# 새우 생강 초절임

**재료 (2인분)**

새우 … 4마리
두부 … ⅙모
오이 뱀비늘 썰기 (➡ p.85) … ½개분
소금 … 적당량
생강즙 … 적당량

⭘ 3배식초 1:1:1
- 식초 … 30㎖ ➡ 1
- 간장 … 30㎖ ➡ 1
- 맛술 … 30㎖ ➡ 1

**만드는 법**

1 작은 냄비에 3배식초 재료를 넣어 중간 불에 올린다. 한소끔 끓인 후 그대로 식힌다.

2 새우는 70℃의 물에서 5분 삶고 껍질을 벗긴다.

3 그릇에 절반으로 자른 두부, 2, 한입 크기의 오이 뱀비늘 썰기를 담고 3배식초 2~3큰술을 뿌린 후 생강즙을 곁들인다.

## 3배식초 응용

도사식초로 만든

### 게살 오이말이

**재료 (2인분)**

게살 … 6개
오이 … 5㎝ × 2개
소금 … 적당량

⭘ 도사식초 3:2:1:1
- 1번째 육수 (➡ p.11) … 30㎖ ➡ 3
- 식초 … 20㎖ ➡ 2
- 간장 … 10㎖ ➡ 1
- 맛술 … 10㎖ ➡ 1

**만드는 법**

1 냄비에 도사식초 재료를 넣어 중간 불에 올린다. 한소끔 끓인 후 그대로 식힌다.

2 오이를 깎아 썰고(➡ p.85) 진한 소금물(물 200㎖ + 소금 3g)에 담가 푹 절인다.

3 2의 물기를 빼고 김발에 오이 1장을 깐다. 그 위에 게살 3개를 얹어 말고 한입 크기로 썬다. 똑같이 하나 더 만들어 그릇에 담고 도사식초를 적당량 뿌린다.

난반식초로 만든

### 닭고기 난반즈케

**재료 (1인분)**

닭다릿살 … 160g × 1장
빨강·노랑·초록 파프리카 … 각 ½개
대파 … 3㎝ × 2개
고추 … 1개

⭘ 난반식초 7:3:1:1
- 1번째 육수 (➡ p.11) … 200㎖ ➡ 7
- 식초 … 80㎖ ➡ 3
- 우스구치간장 … 30㎖ ➡ 1
- 맛술 … 30㎖ ➡ 1
- 설탕 … 10g

박력분 … 적당량
튀김유 … 적당량

**만드는 법**

1 파프리카와 대파를 세로 3㎝, 폭 1㎝의 직사각형으로 썬다.

2 닭고기를 한입 크기로 썰고 붓솔로 밀가루를 얇게 바른다.

3 튀김유를 170℃로 가열하고 2를 튀겨 볼에 넣는다. 1의 물기를 닦고 초벌로 튀겨 체에 밭친다. 뜨거운 물을 끼얹어 기름기를 제거하고 물기를 빼서 닭고기가 든 볼에 넣는다. 씨를 제거한 고추도 넣는다.

4 냄비에 난반식초 재료를 넣어 중간 불에 올린다. 한소끔 끓여 따뜻할 때 3에 부어 담근다.

아래 왼쪽 그릇_요시무라 마사야

참깨향이 살아 있는 참깨무침
참깨만 사용하지 않는

# 강낭콩 참깨무침

참깨무침에서는 **참깨 특유의 좋은 향이 나야 합니다.** 만들 때마다 참깨를 볶고 갈아서 참깨옷을 만들면 풍미가 완전히 다릅니다. 이 작업은 가정에서만 할 수 있다는 '특별함'이 있습니다. 그러니 번거롭다고 생략하지 말고 꼭 시도해보세요. 검은깨를 사용했지만, 흰깨나 호두, 견과류 등 기름의 감칠맛과 향긋한 향이 나는 재료를 써도 무방합니다. 꼬투리째 먹는 강낭콩은 **5%의 소금을 넣어** 삶습니다. 바닷물의 염도가 3%이니 그보다 더 진하죠? 이렇게 밑간을 하면 '맛의 길'이 생기고, 진한 감칠맛이 나는 참깨옷과 강낭콩을 이어주는 역할을 합니다. 이 '맛의 길'이 없으면 참깨와 강낭콩이 입안에서 어우러지지 않고 무침으로 완성되지 않으니 유의하세요.

**재료 (2인분)**

**꼬투리째 먹는 강낭콩 … 70g**
**소금 … 적당량**
**간장 … 적당량**

**◎ 참깨옷**
- **검은깨 … 10g**
- **설탕 … ½큰술**
- **간장 … 1작은술**

## 1 검은깨를 볶는다

프라이팬에 검은깨를 넣고 중간 불에 올린다. 프라이팬을 살살 흔들면서 좋은 향이 날 때까지 볶는다.

강낭콩의 푸른 향에는 감칠맛이 강한 검은깨가 어울린다고 생각하지만, 취향에 따라 흰깨를 써도 OK.

## 2 검은깨를 굵게 간다

절구에 1을 넣어 절굿공이로 굵게 갈고 설탕을 넣는다.

너무 곱게 갈면 NG. 조금 굵게 갈아야 입안에 깨의 향이 퍼집니다.

## 3 간을 하고 참깨옷 완성

깨를 더 갈고 간장을 넣는다. 깨는 알갱이가 보이는 정도로 간다. 이렇게 하면 참깨옷이 완성된다.

## 4 강낭콩을 삶는다

냄비에 물을 끓이고 염도 5%의 소금(물 500㎖ + 소금 25g)을 넣는다. 강낭콩을 4㎝ 길이로 썰고 따뜻한 물에 넣는다. 물이 다시 끓으면 1분 정도 삶는다.

## 5 물기를 날린다

4를 체에 밭치고 부채질을 하며 물기를 날린다

강낭콩을 소금물에 삶아 밑간, 즉 '맛의 길'을 만들면 참깨옷과 잘 어우러집니다.

## 6 참깨옷에 넣는다

강낭콩의 물기가 없어지면 3에 넣는다.

물기가 남아 있으면 눅눅해지고 맛이 없어서 NG.

## 7 참깨옷과 버무린다

스패출러를 이용해 전체적으로 섞듯이 버무리고 그릇에 담는다.

### Chef's voice

시금치 참깨무침은 조금 다릅니다. 시금치 데치는 물에는 소금을 넣지 않습니다. 소금을 넣으면 시금치가 축 늘어져서 부피가 줄어듭니다. 대신 데쳐서 물기를 짠 후 간장을 넣고 다시 물기를 짜서 밑간을 합니다. 이 과정을 '간장에 씻기'라고 합니다. 간장은 간이 밴 참깨옷과 시금치를 이어주는 역할을 합니다. 이 과정을 거치지 않으면 입안에서 맛이 어우러지지 않으니 주의하세요.

두부의 맛으로 부재료와의 조화를 잡은

# 유부 실곤약 두부무침

**재료 (2인분)**

유부 … ¼장
실곤약 … 30g
당근 … 20g
생표고버섯 … 1개
쑥갓 … 1단
다시마 … 5 × 5㎝ × 1장

**조림국물**

- 물 … 100㎖
- 우스구치간장 … 5㎖
- 청주 … 2.5㎖

**무침옷**

- 두부 … 100g
- 설탕 … 5g
- 우스구치간장 … 3㎖
- 흰깨 페이스트 … 5g

**준비**

- 유부는 살짝 데쳐서 기름기를 빼고 물기를 짠다. 세로로 반으로 썰고 아주 잘게 썬다.
- 실곤약은 살짝 데쳐서 4㎝ 길이로 썬다.
- 당근은 잘게 썬다.
- 생표고버섯은 밑동을 제거하고 얇게 썬다.
- 쑥갓은 살짝 데치고 물기를 꼭 짜서 4㎝ 길이로 썬다.

두부에 설탕과 흰깨를 넣어 감칠맛을 더하고 부재료를 버무린 두부무침. 완성된 모습이 하얘서 보기에 예쁩니다. 이 요리는 **'목면두부를 쓸지 순두부가 좋을지'를 고민하는 사람들이 적지 않습니다. 어떤 두부든 상관은 없습니다.** 저는 대두의 맛이 진하고 갈아도 두부의 식감이 남는 목면두부를 좋아합니다. 두부는 눌러서 물기를 빼야 하는데, 순두부는 특히 수분이 많아 꽉 눌러서 사용합니다. 하지만 누르지 않아야 맛있습니다. 물기를 없애지 않아도 되는 단단한 목면두부가 있으면 좋은 이유입니다. 정말 맛있는 두부라면 흰깨도 설탕도 필요 없습니다. 향이 나는 간장만 넣어도 맛있거든요. 마트에 파는 두부는 감칠맛이 적어 아쉽습니다. 그래서 두부의 맛을 보완할 겸 흰깨와 설탕을 넣는 것입니다. 저는 절구를 이용했지만, 절구 대신 거품기나 푸드 프로세서로 간단히 섞어서 만들어도 괜찮습니다.

### 1 두부의 물기를 뺀다

두부를 천이나 키친타월에 싸서 체에 얹는다. 그 위에 물을 넣은 볼을 올리고 15분 정도 두어 물기를 뺀다. 물기를 빼면 약 70g이 된다.

### 2 두부를 간다

절구에 1을 넣고 절굿공이로 굵게 간다.

### 3 간을 한다

조미료를 넣어 더 갈고 무침옷을 만든다. 굵은 알이 조금 남아 있어 완전히 부드럽지 않아도 된다.

음식점에서는 곱고 부드러운 식감으로 만들기 위해 체에 거릅니다. 취향에 따라 굵게 또는 곱게 조절하면 됩니다.

### 4 부재료를 데친다

냄비에 물을 끓이고 밑손질한 유부, 실곤약, 당근, 생표고버섯을 섞어 체에 넣는다. 10초 정도 따뜻한 물에 담가 젓가락으로 풀고 물기를 뺀다.

### 5 부재료를 미리 끓인다

다른 냄비에 조림국물 재료를 섞고 4와 다시마를 넣어 중간 불에 올린다. 끓으면 약한 불로 줄여 3분 정도 끓이고 당근이 무르기 전에 불을 끈다.

생표고버섯이나 유부 등 감칠맛을 가진 재료가 있기 때문에 물과 다시마로 끓입니다.

### 6 부재료를 식힌다

그대로 5를 식힌다. 급할 때는 조림국물째 다른 그릇에 옮기고 얼음물에 담가 급랭시킨다. 식으면 쑥갓을 넣어 잘 섞고 그대로 완전히 식힌다.

푸른잎채소는 색이 날아가지 않도록 조림국물이 식으면 담그세요.

### 7 조림국물을 짠다

체에 천을 깔고 6을 넣어 감싼 후 물기를 꼭 짠다.

키친타월은 찢어지므로 NG. 남은 조림국물에 달걀을 풀어 넣으면 간단하고 맛있는 국이 됩니다.

### 8 무침옷과 재료를 버무린다

7을 3에 넣고 스패출러로 전체를 버무린 후 그릇에 담는다.

무침옷은 사진처럼 볼에 옮긴 후 버무려도 괜찮습니다.

### Chef's voice

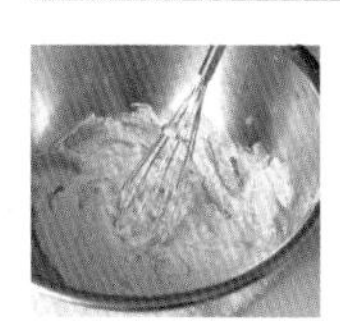

절구가 없다면 볼에서 섞어도 됩니다. 그러면 간단히 만들 수 있습니다. 단, 여름에는 두부가 쉴 수 있으니 데쳐서 씁니다. 데치면 감칠맛이 나오는데 작고 네모나게 썰면 속까지 빨리 익습니다. 데친 두부는 체에 밭쳐 물기를 뺍니다.

# 【응용】 일식의 만능 조미료, 다마미소

### 재료 (만들기 쉬운 분량)

**신슈된장** … 100g
**달걀노른자** … 1개
**맛술** … 15㎖
**청주** … 15㎖
**설탕** … 3큰술

재료의 2배로 만들어둬도 OK. 냉장고에서 2주일 정도 보관할 수 있습니다.

된장에 달걀노른자와 부재료를 넣어 만든 다마미소. 그대로 무침옷으로 쓸 수 있고 식초를 섞으면 초된장, 산초잎을 섞으면 산초잎된장으로 활용할 수 있어 매우 편리합니다. 다마미소는 냉장고에서 2~3개월은 가지만 된장의 좋은 풍미를 맛보려면 2주일 안에 소진하는 것이 좋습니다.

### 만드는 법

1 냄비에 재료를 전부 넣고 스패출러로 섞는다.

2 약한 중간 불에 올리고 섞으면서 설탕을 녹인다. 금세 묽어진다.

3 계속해서 섞고 보글보글 끓으면 3분 정도 갠다. 너무 익히면 된장의 풍미가 약해지니 주의.

4 냄비 바닥을 긁어도 주르륵 흐르지 않으면 완성이다. 농도가 묽어 보여도 식으면 단단해져서 딱 적당하다.

다마미소 + 식초 + 겨자로 만드는 누타소스

# 새우 미역 누타

누타는 어패류와 해조류, 채소 등을 잘게 썰어 초된장에 무친 음식을 말합니다. 된장의 좋은 풍미와 단맛, 신맛이 나는 초된장. 여기에 겨자를 넣은 것이 누타소스입니다.

**재료 (1~2인분)**

**새우 … 2마리**
**미역 … 20g**
**실파 … 2개**

**◘ 누타소스**
- **다마미소 … 30g**
- **식초 … 1큰술**
- **녹인 겨자 … ½작은술**

1 작은 냄비에 식초를 넣고 끓여서 식힌다. 또는 작은 그릇에 식초를 넣고 전자레인지에 15초 돌려도 된다.

2 누타소스를 만든다. 볼에 다마미소, 1의 식초와 녹인 겨자를 넣고 잘 섞는다.

3 새우는 껍질을 벗기고 칼로 등을 갈라 내장을 제거한다. 냄비에 물을 끓여서 손질한 새우를 삶고 찬물에 담갔다가 키친타월로 물기를 닦아낸다.

4 냄비에 물을 끓이고 실파를 데쳐 체에 밭친다. 실파와 불린 미역은 3㎝ 길이로 썬다. 이것과 3을 2에 넣는다.

5 누타소스가 잘 묻도록 스패출러로 전체를 버무린 후 그릇에 담는다.

# 다마미소로 만드는 사계절 요리

## 오징어 죽순 산초잎된장무침

**재료 (2인분)**

**오징어 몸통 … 30g**
**땅두릅 … 25g**
**삶은 죽순 … 25g**

**조림국물**
- **1번째 육수 (➡ p.11) … 100㎖**
- **우스구치간장 … 5㎖**

**산초잎된장**
- **다마미소 (➡ p.104) … 40g**
- **산초잎 … 1g**
- **청액즙 … 8g**

청액즙은 무침옷에 예쁜 녹색을 입히는 역할을 합니다. 시금치를 데쳐 물기를 꼭 짜고 적당히 썰어서 간 것을 사용했습니다.

**만드는 법**

1 땅두릅은 껍질을 벗기고 죽순과 함께 작게 썬다. 땅두릅을 미리 데치고 물기를 뺀다. 냄비에 조림국물 재료를 섞고 땅두릅과 죽순을 푹 끓인다.

2 오징어 몸통에 가로세로로 칼집을 넣어 격자 모양을 만들고 2㎝ 폭으로 썬다. 1이 끓어오르기 직전에 넣어 끓이고 체에 밭친다.

3 절구에 산초잎을 갈고 다마미소를 가볍게 섞는다. 청액즙도 잘 섞어서 예쁜 녹색의 산초잎된장으로 만든다.

4 2의 물기를 빼고 3과 버무려 그릇에 담고 산초잎(분량 외)을 얹는다.

## 새우 차조기잎 된장무침

**재료 (2인분)**

**새우 … 4마리**
**생강 … 20g**
**박력분 … 25g**
**물 … 35㎖**
**녹말가루 … 적당량**
**튀김유 … 적당량**

**차조기잎 된장**
- **다마미소 (➡ p.104) … 20g**
- **차조기잎 … 10장분**

**만드는 법**

1 생강은 굵게 채 썬다. 새우는 껍질을 벗기고 칼로 등을 갈라 내장을 제거한다. 새우의 양면에 녹말가루를 묻히고 쿠킹시트에 끼워 절굿공이로 균일하게 두드려 편다.

2 새우로 채 썬 생강을 감싸고 가마니 모양으로 만든다. 볼에 밀가루와 분량의 물을 넣고 섞어서 튀김옷을 만든 후 새우를 굴린다. 170℃로 가열한 튀김유에서 튀긴다.

3 절구에 다마미소와 잘게 썬 차조기잎을 곱게 갈아서 차조기잎된장을 만든다. 그릇에 차조기잎된장을 깔고 2를 담아낸다.

계절의 향을 더하기만 해도 간단히 무침옷으로 변신하는 다마미소.
사계절의 무침옷을 만들어 제철 식재료와 조합한 무침요리를 소개합니다.

## 토란 참깨 된장무침

**재료 (2인분)**

작은 토란 … 100g

Ⓐ
- 물 … 300㎖
- 소금 … 2g
- 다시마 … 5 × 5㎝ × 1장

✪ 참깨된장
- 다마미소 (➡ p.104) … 30g
- 볶은 흰깨 … 10g

**만드는 법**

1 작은 토란은 껍질을 벗기고 한입 크기로 썬다. 냄비에 넣고 잠길락 말락한 물과 쌀 소량(분량 외)을 넣어 끓인다. 꼬챙이가 쑥 들어가면 찬물에 담그고 따뜻한 동안에 물기를 뺀다.

2 다른 냄비에 Ⓐ의 재료, 1을 넣고 센 불에 올린다. 끓으면 약한 불로 줄이고 5분 정도 끓인다.

3 절구에 다마미소와 볶은 흰깨를 넣고 가볍게 간다. 물기를 뺀 2를 넣고 스패출러로 버무린다.

**Chef's voice**

참깨된장은 사시사철 사용할 수 있습니다. 가을이니 시치미로 매운맛을 살려도 좋고요. 신선한 토란은 삶기만 해도 맛있지만, 오래된 토란은 간을 해서 써야 합니다. 토란 대신 고구마나 호박으로 대체해도 무방합니다.

## 후로후키 무

**재료 (2인분)**

무 … ⅙개

Ⓐ
- 물 … 300㎖
- 소금 … 2g
- 다시마 … 5 × 5㎝ × 1장

다마미소 (➡ p.104) … 30g

유자 … ¼개

유자는 껍질을 1~2개 얇게 발라서 매우 얇게 채 썰고 남은 것은 강판에 갈아주세요.

**만드는 법**

1 무는 2㎝ 두께로 둥글게 썰고 껍질을 벗긴 후 쌀뜨물(분량 외)에 미리 삶는다.

2 냄비에 Ⓐ의 재료, 1을 넣고 끓인다.

3 다른 냄비에 다마미소, 유자 껍질 즙, 물 15㎖(분량 외)를 넣고 약한 중간 불에 풀면서 유자된장을 만든다.

4 그릇에 2를 담고 3을 뿌린다. 채 썬 유자를 얹는다.

칡녹말을 넣은 참깨두부
젤라틴을 넣은 참깨두부

자유로운 발상으로 전통적인 요리를 쉽게

# 참깨두부 2종

### 칡녹말을 쓰지 않아도 가능한 참깨두부

참깨두부는 흰깨를 갈아 칡녹말을 넣고 힘주어 반죽한 후 식혀서 굳힌 것이라고 알려져 있습니다. 전통적인 참깨두부를 만드는 방식이지요. 옛날에는 굳히는 재료가 칡녹말밖에 없었습니다. 요즘이라면 좀 더 자유로운 발상으로 만들어볼 수 있습니다. **'두부' 하면 하얗고 사각형인 모습이 떠오르는데** 응고 작용을 하는 젤라틴을 넣어 굳힌다면? 이런 아이디어 외에 1인분씩 만들어두는 방법도 소개합니다.

### 누구나 만들 수 있는 참깨두부

참깨두부는 사찰음식입니다. 일반적으로 다시마 육수를 쓰는데 맛이 밍밍하거나 감칠맛이 부족할 수 있습니다. **그래서 육수를 두유로 바꾸어봤습니다.** 두유는 사찰음식에 걸맞게 식물성이며 감칠맛 또한 강합니다. 그대로 넣으면 너무 진하기 때문에 물에 희석해서 씁니다.

참깨두부를 맛있게 먹으려면 아무래도 위에 얹는 양념이 필요하겠지요? 소스 비율은 육수 6 : 간장 1 : 맛술 1. 간이 약간 진하지만, 일본식 두부튀김 소스와 배합이 같습니다. 그보다 싱거우면 참깨두부에 맛이 배지 않으니 주의하세요. 사찰음식으로 만든다면 가다랑어를 사용할 수 없기 때문에 핫초된장으로 만든 다마미소(➡ p.104)를 곁들이는 것을 추천합니다.

참깨는 갈아서 크림 상태인 것을 사용했습니다. 옛날 방식으로 볶은 깨를 잘게 갈아 육수와 섞는 것보다 간단하며 심지어 부드럽기까지 합니다. 참깨의 맛도 강하고 편리하답니다.

### ◆ 젤라틴을 넣은 참깨두부

**재료 (12 × 7㎝ 캔 1개분)**

무조정 두유 … 150㎖
물 … 100㎖
젤라틴 … 5g
참깨 페이스트 … 40g
소금 … 1g

**벳코앙** 6:1:1
- 2번째 육수 (➡ p.11) … 120㎖ ➡ 6
- 간장 … 20㎖ ➡ 1
- 맛술 … 20㎖ ➡ 1
- 가다랑어포 … 2g
- 물 … 1작은술
- 녹말가루 … 1작은술

와사비 … 적당량

**준비**

⊙ 젤라틴을 동량의 물(분량 외)에 불려둔다.

### ◆ 칡녹말을 넣은 참깨두부

**재료 (5개분)**

무조정 두유 … 150㎖
물 … 100㎖
칡녹말 … 25g
참깨 페이스트 … 40g
소금 … 1g

**벳코앙** 6:1:1
- 2번째 육수 (➡ p.11) … 120㎖ ➡ 6
- 간장 … 20㎖ ➡ 1
- 맛술 … 20㎖ ➡ 1
- 가다랑어포 … 2g
- 물 … 1작은술
- 녹말가루 … 1작은술

청유자 껍질 … 적당량

**준비**

⊙ 얼음물을 준비한다.

젤라틴을 넣은 참깨두부 만드는 법

**1 참깨두부의 베이스를 섞는다**

볼에 참깨 페이스트를 넣고 거품기로 조금 푼다. 분량의 물을 조금씩 넣어 녹인 후 두유를 넣고 소금으로 간한다.

**2 거른다**

냄비에 체를 얹고 **1**을 거른다. 체에 남은 깨도 스패출러로 남김없이 거른다.

**3 80℃ 정도로 데운다**

**2**의 냄비를 약한 중간 불에 올리고 스패출러로 섞으면서 두유의 걸쭉함이 생기도록 80℃ 정도까지 데운 후 불을 끈다.

**4 젤라틴을 섞어 녹인다**

불려둔 젤라틴을 잘 섞어 완전히 녹인다.

젤라틴은 오래 끓이면 굳는 힘이 약해지니 주의! 60℃ 정도에서 녹으니 불을 끈 후 잘 섞습니다.

**5 캔에 넣고 식혀서 굳힌다**

캔을 물에 적셔두고 **4**를 흘려 넣는다. 냉장고에서 식혀서 굳힌다.

**6 벳코앙 육수를 끓인다**

냄비에 2번째 육수, 간장, 맛술, 가다랑어포를 넣고 중간 불에 올린다. 한소끔 끓으면 거른다.

가다랑어포를 넣어 만들기 때문에 너무 진해지지 않도록 2번째 육수를 씁니다.

**7 걸쭉하게 만든다**

거른 소스를 **6**의 냄비에 다시 넣고 중간 불에 올린다. 가볍게 끓었을 때 분량의 물에 녹인 녹말가루를 넣고 전체적으로 잘 섞어 걸쭉하게 만든다. 상온에서 식혀둔다.

**8 나누어 담는다**

**5**를 먹기 좋은 크기로 나누어 그릇에 담고 **7**을 뿌린다. 와사비도 곁들인다.

## 칡녹말을 넣은 참깨두부 만드는 법

**1 칡녹말, 참깨 페이스트, 물을 섞는다**

볼에 칡녹말과 참깨 페이스트를 넣는다. 분량의 물을 2~3회 넣어 녹인다.

**2 부드럽게 섞는다**

남은 물을 한 번에 넣고 부드러워질 때까지 거품기로 섞는다.

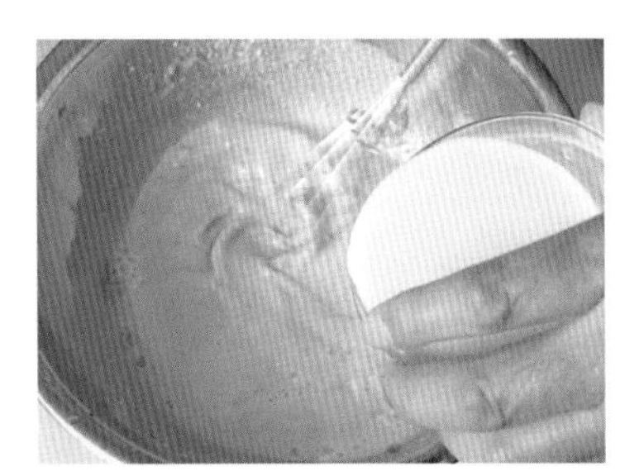

**3 두유를 섞는다**

2에 두유를 넣고 거품기로 잘 섞는다.

**4 체에 거른다**

냄비에 체를 얹고 3을 넣어 거른다. 체에 남은 깨도 남김없이 거른다.

**5 중간 불에서 갠다**

4의 냄비를 중간 불에 올리고 스패출러로 갠다. 냄비 바닥을 긁듯이 섞으면서 냄비가 타기 전까지 젓는다.

**6 불을 약하게 줄이고 5분 저은 후 간을 맞춘다**

걸쭉해져서 단단해지면 탈 수 있으니 불을 약하게 줄이고 5분 정도 젓는다. 소금으로 간하고 완성한다.

**7 참깨두부의 모양을 만든다**

얕은 밥그릇이나 볼에 랩을 깔고 6을 60g씩 소분한다.

**8 비틀어 짠 자국을 낸다**

랩의 끝을 잡고 비틀어 둥글게 만들고 자국을 낸다. 입구는 고무줄로 묶는다.

**9 얼음물에 담가 굳힌다**

준비해둔 얼음물에 재빨리 담가 굳힌다.

**10 벳코앙을 만들어 담는다**

110페이지의 6~7과 똑같이 벳코앙(간장으로 색을 낸 걸쭉한 소스)을 만들고 상온에서 식혀둔다. 9의 입구를 가위로 잘라 그릇에 담고 벳코앙을 뿌린 후 채 썬 청유자 껍질을 곁들인다.

## 칡녹말을 넣은 참깨두부를 냉장 보관할 때는

참깨두부는 9에서 식혀 굳힌 상태로 냉장고에서 일주일 정도 보관할 수 있습니다. 그러나 칡녹말은 냉장고에 오래 두면 식감이 변합니다. 가열해서 부드러워진 참깨두부가 퍽퍽해지지요. 맛있게 먹으려면 어떻게 해야 할까요?
냄비에 물과 랩에 싼 참깨두부를 넣고 약한 중간 불에 올립니다. 온도가 올라가서 물이 끓을 때쯤이면 속까지 익어 원래의 부드러운 상태가 됩니다. 그것을 찬물에 재빨리 식히고 그릇에 담아냅니다.

# 달콤한 참깨두부

참깨두부를 만들 때 소금 대신 설탕을 넣으면 훌륭한 일식 디저트로 변신합니다. 삼각형으로 잘라 모양을 냈지만 봄이면 꽃 모양, 가을이면 낙엽 모양 등 계절에 맞게 만들 수도 있습니다.

**재료**

젤라틴을 넣은 참깨두부(➡ p.109~110)의 소금 1g 대신 설탕 2큰술로 만든 것 … 적당량

◎ 흑밀(만들기 쉬운 분량, 적당량 사용)
- 흑설탕 … 150g
- 설탕 … 130g
- 물 … 200㎖
- 물엿 … 2큰술
- 식초 … 1큰술

**만드는 법**

1 흑밀을 만든다. 흑설탕을 칼로 잘게 다져 작은 냄비에 넣는다. 다른 재료도 넣고 끓인 후 식혀둔다.

2 참깨두부를 캔에서 꺼내 삼각형으로 잘라낸다.

3 2를 그릇에 담고 1을 뿌린다.

제 4 장

# 밥과 국

일식의 기본인 밥과 국.

갓 지은 밥과 초밥, 찰밥 등을 응용하는 법을 배워봅니다.

앞에서 소개한 기본 레슨의 내용과 함께 익혀두면

식탁이 매일매일 다채로워질 수 있습니다.

 위·중앙 그릇_나가모리 게이(소라), 아래 그릇_기소 시마오(소라)

재료를 넣는 타이밍만 바꾸어도 훨씬 맛있는

# 다키코미밥 3종

## 부재료에 따라 달라지는 세 가지 타이밍

부재료를 쌀과 함께 넣어 짓는 밥은 국과 간단한 반찬만 있으면 한 끼 메뉴로 손색없습니다. 일반적으로 처음부터 쌀, 밥물, 부재료를 전부 넣어 짓습니다. 돼지고기 고구마 다키코미밥(➡p.14)에서도 언급했는데, **부재료에 따라 넣는 타이밍을 바꾸면 훨씬 깊은 맛이 나는 밥을 지을 수 있습니다.** 타이밍은 크게 세 가지입니다. 오래 가열하면 맛있는 재료는 처음부터 넣고, 오래 익히지는 않지만 가열하고 싶은 재료는 중간에 넣습니다. 또 가열하지 않아도 되는 재료나 신선함이 생명인 재료는 밥을 다 지은 후에 넣습니다. 처음부터 넣는 타입으로는 딱딱하고 잘 익지 않는 볶은콩, 중간에 넣는 타입에는 도미 토막, 완성된 밥에 넣는 타입은 멸치를 사용했습니다. 밥솥은 중간에 뚜껑이 열리지 않는 장치도 있지만 괜찮으니 걱정 말고 시도해보세요.

## 밥을 맛있게 먹을 때 육수는 필요 없다

우리는 평소에 흰쌀밥을 지을 때 육수를 쓰지 않습니다. 밥맛을 있는 그대로 느끼고 싶어서 그렇습니다. 저는 다키코미밥을 지을 때 육수를 쓰지 않습니다. 맛을 보완하기 위한 조미료와 물만 넣는데, 그것만으로 충분하거든요. 오히려 쌀의 감칠맛과 부재료의 풍미가 전해져 맛있게 느껴집니다. 재료의 맛이 직접 전해지기 때문에 **밑손질은 꼭 해야 합니다.** 도미는 소금을 뿌려 남은 비린내를 잡고 밑간을 합니다. 돼지고기를 넣는다면 따뜻한 물에 담가서 잡내를 없애야 하고요. 뿌리채소나 닭고기도 따뜻한 물에 데치는 과정을 거쳐야 합니다. 뚝배기에 밥을 짓지만, 밥솥에서도 간단히 지을 수 있으니 밑손질은 꼭 잊지 마세요.

### ◆ 볶은콩밥

**재료 (2~3인분)**

쌀 … 360㎖ (2홉)

◘ 밥물 [10 : 1 : 1]
- 물 … 300㎖ ➡ 10
- 우스구치간장 … 30㎖ ➡ 1
- 청주 … 30㎖ ➡ 1

대두 … 100g

실파 … 30g

**준비**

⊙대두는 프라이팬에 넣어 약한 중간 불에 굴리면서 가볍게 탄 자국이 날 때까지 볶는다.

⊙실파는 송송 썰고 씻어서 물기를 뺀다.

### ◆ 도미밥

**재료 (2~3인분)**

쌀 … 360㎖ (2홉)

◘ 밥물 [10 : 1 : 1]
- 물 … 300㎖ ➡ 10
- 우스구치간장 … 30㎖ ➡ 1
- 청주 … 30㎖ ➡ 1

도미 … 80g × 7토막

파드득나물 … 3㎝ × 5개분

소금 … 소량

### ◆ 멸치밥

**재료 (2~3인분)**

쌀 … 360㎖ (2홉)

◘ 밥물 [10 : 1 : 1]
- 물 … 300㎖ ➡ 10
- 우스구치간장 … 30㎖ ➡ 1
- 청주 … 30㎖ ➡ 1

멸치 … 40g

차조기잎 … 6장분

다키코미밥 3종 만드는 법

처음에 넣는

## 볶은콩밥

**1 쌀을 씻어 물에 불리고 밥을 짓는다**

쌀은 살살 씻어서 물을 간다. 이 과정을 4~5회 반복하고 물(분량 외)에 15분 불렸다가 체에 밭쳐 15분 둔다. 뚝배기에 쌀, 밥물 재료, 프라이팬에서 볶아둔 콩을 넣는다.

**2 불을 조절하여 20분 이상 끓인다**

뚜껑을 덮고 강한 중간 불에 올린다. 끓으면 불을 약하게 줄이고 약 7분 끓인다. 불을 줄이고 쌀알이 보일 때까지 7분, 아주 약한 불로 5분 끓인다. 불을 끄고 5분 뜸 들인다.

중간에 넣는

## 도미밥

**1 쌀을 물에 불리고 밥을 짓는다**

쌀을 살살 씻어서 물을 간다. 이 과정을 4~5회 반복하고 물(분량 외)에 15분 불렸다가 체에 밭쳐 15분 둔다. 뚝배기에 쌀, 밥물 재료를 넣고 뚜껑을 덮어 강한 중간 불에 올린다. 끓으면 불을 약하게 줄이고 끓는 상태에서 7분, 불을 줄이고 쌀알이 보일 때까지 7분 끓인다.

**2 도미에 소금을 뿌린다**

바트에 소금을 뿌리고 도미 토막을 얹는다. 위에도 소금을 뿌리고 20분 둔다. 재빨리 물에 헹구고 물기를 닦아낸다.

완성될 때 넣는

## 멸치밥

**1 쌀을 불려서 20분 이상 짓는다**

쌀을 살살 씻어서 물을 간다. 이 과정을 4~5회 반복하고 물(분량 외)에 15분 불렸다가 체에 밭쳐 15분 둔다. 뚝배기에 쌀, 밥물 재료를 넣고 강한 중간 불에 올린다. 끓으면 불을 약하게 줄이고 끓는 상태에서 7분 끓인다. 불을 줄이고 쌀알이 보일 때까지 7분, 아주 약한 불에서 5분 끓인다.

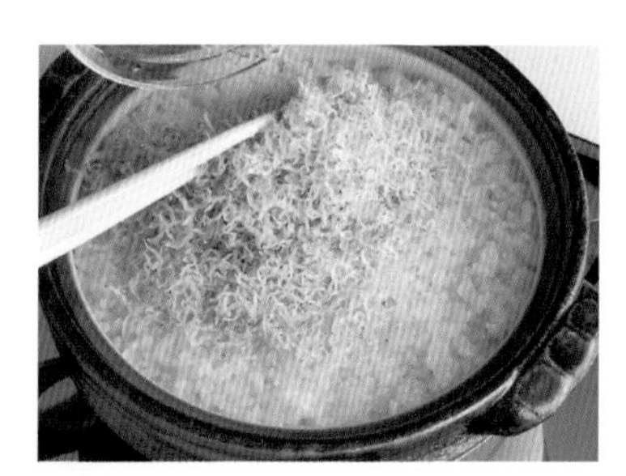

**2 멸치를 얹고 뜸 들인다**

뚜껑을 열고 멸치를 전체적으로 펼친 후 뚜껑을 덮고 5분 동안 뜸을 들인다.

뜸을 들이면 마른 멸치가 통통해집니다.

### 3 전체를 섞는다

뚜껑을 열고 고루 섞은 후 실파도 넣어 그릇에 담는다.

### 3 쌀알이 보이면 도미를 얹는다

1 의 쌀알이 보이면 2 의 도미를 겹치지 않게 펼쳐 얹는다. 뚜껑을 덮고 아주 약한 불에서 5분 끓인다.

### 4 파드득나물을 얹고 뜸 들인다

불을 끄고 5분 뜸을 들인다. 중간에 파드득나물을 고루 뿌린다. 뜸을 다 들이면 장식용으로 도미를 인원수만큼 꺼낸다. 전체를 섞고 그릇에 담은 후 도미를 얹는다.

밥이 다 되어도 뚜껑을 바로 열지 말고 뜸을 들이세요.

## Chef's voice

도미가 신선하지 않으면 소금을 뿌려 구운 후 같은 타이밍에 넣으세요. 염장도미라면 구워서 밥을 다 지은 타이밍에 넣고 잘 섞습니다. 단, 증기가 있는 동안에 섞어야 합니다. 식은 후에 섞으면 좋은 향이 날아가고 부재료와 쌀이 어우러지지 않으니 주의하세요.

### 3 마무리로 차조기잎을 얹는다

마무리로 가늘게 채 썬 차조기잎을 얹는다.

### 4 위아래를 뒤집듯이 섞는다

주걱으로 밑에서부터 공기가 들어가게 고루 섞는다.

찜기로 지은 오목찰밥

찹쌀을 쪄서 지은 '찰밥'
영양분이 가득하고 식어도 딱딱해지지 않는 방법은?

# 오목찰밥 2종

## 찌는 것이 기본이지만 밥솥도 OK

밥을 지을 때 일반 쌀(멥쌀)은 끓이지만, 찹쌀은 찝니다. 찹쌀을 쪄서 만든 밥을 지에밥, 즉 찰밥이라고 합니다. 찹쌀의 전분은 멥쌀과 달리 수분을 잘 머금는 성질이 있습니다. 그래서 **수분을 넣고 끓이면 질척질척해지고 전체가 덩어리지기 때문에 쪄서 증기로 가열합니다.** 찌기 전에 찹쌀은 물에 충분히 불려야 합니다. 하룻밤 정도면 적당합니다. 찌는 도중에도 수분을 조금 머금게 하면 맛있어져서 저는 소금물을 뿌립니다. 이렇게 하면 간도 배고 적당히 부드러워지며 식어도 딱딱해지지 않습니다.

오목찰밥처럼 간이 밴 찰밥은 소금물 대신 조림국물을 섞어서 짓습니다. 마무리로 다시 찌고요. 그러면 찹쌀 한 알 한 알에 증기가 통하고 맛도 스며들게 됩니다. 밥솥을 이용하면 간단히 조리할 수 있습니다. 단, 멥쌀을 끓일 때보다 수분을 줄여주세요. 그래야 질척거리지 않습니다. 물에 불리는 시간은 멥쌀과 똑같이 15분이면 충분합니다.

## '찐다'와 '끓인다'는 맛의 결이 다르다

부재료를 똑같이 넣은 오목찰밥이라도 기본적인 '찌는 방법'과 간단한 '끓이는 방법' 두 가지 타입을 함께 소개합니다. 밥을 짓는 법 이외의 큰 차이는 간을 맞추는 방식에서 찾아볼 수 있습니다. **찌는 방법은 간이 배어들지 않기 때문에 진하게 간을 합니다.** 완성한 밥을 먹어보면 찌는 타입의 쌀알이 더 풀어져 식감이 잘 느껴지지요.

부재료는 닭고기와 뿌리채소를 조합하여 반찬처럼 만들거나 조리해둔 우엉조림을 섞는 등 다양하게 응용할 수 있습니다. 일종의 비빔밥이라고 생각해보세요. 우엉은 하얗게 끓이지 않으니 식촛물에 담그지 않아도 됩니다. 물로 재빨리 씻기만 하면 되는데, 물에 오래 담그면 오히려 우엉의 향이 사라져버립니다. '오목(伍目, 고모쿠)'은 다섯 종류의 재료를 사용하는 요리를 뜻합니다. 닭고기를 넣어 여섯 종류를 사용했지만 '오목'이라는 표현을 그대로 따랐습니다.

### ◆ 찜기로 지은 오목찰밥

**재료 (만들기 쉬운 분량)**

찹쌀 … 540㎖ (3홉)

**◘ 조림국물**

- 물 … 100㎖
- 청주 … 100㎖
- 다시마 … 2g
- 우스구치간장 … 50㎖

닭다릿살 … 150g
생표고버섯 … 30g
우엉 … 30g
당근 … 30g
삶은 죽순 … 50g
대파의 푸른 부분 … 적당량
데친 파드득나물 줄기 … 적당량
검은 후추 … 적당량

### ◆ 밥솥으로 지은 오목찰밥

**재료 (만들기 쉬운 분량)**

찹쌀 … 540㎖ (3홉)

**◘ 밥물**

- 물 … 400㎖
- 우스구치간장 … 50㎖

닭다릿살 … 150g
생표고버섯 … 30g
우엉 … 30g
당근 … 30g
삶은 죽순 … 50g
꼬투리째 먹는 완두콩 … 5개분

**준비**

⊙ 완두콩은 살짝 삶아서 세로로 썬다.

찜기로 오목찰밥 만드는 법

### 1 찹쌀을 씻어서 물에 불린다

찹쌀은 씻어서 물(분량 외)에 하룻밤 불린다.

### 2 물기를 빼고 찜기, 부재료를 준비

1의 찹쌀을 체에 밭쳐 물기를 뺀다. 찜기에 물을 붓고 증기가 나오는 상태로 만든다. 닭고기는 한입 크기로 썰고 당근과 삶은 죽순은 잘게 썬다. 생표고버섯은 밑동을 자르고 얇게 썬다. 우엉은 어슷하게 썰어 물에 씻고 물기를 뺀다.

### 3 우엉 이외의 재료를 데친다

냄비에 물을 끓이고 당근, 삶은 죽순, 생표고버섯, 닭고기를 체에 넣어 젓가락으로 풀면서 10초 정도 따뜻한 물에 담갔다가 물기를 뺀다.

우엉은 향이 날아갈 수 있어 물에 담그면 NG.

### 4 재료를 끓이고 식힌다

냄비에 3과 2의 우엉, 조림국물 재료, 대파를 넣고 센 불에 올린다. 끓으면 불을 줄여서 5분 정도 끓인다. 대파를 빼고 검은 후추를 뿌린 후 식힌다.

닭고기가 딱딱해지니 오래 끓이지 마세요.

### 5 찹쌀을 찐다

빈 바트 또는 체에 거즈를 깔고 2의 찹쌀을 고루 펼친 후 손으로 홈을 군데군데 만든다. 증기가 오르고 있는 찜기에 넣는다.

홈을 만들면 증기가 잘 통합니다.

### 6 80% 익으면 꺼낸다

센 불에서 20~30분 찐다. 완전히 익기 직전, 즉 80% 정도 익으면 일단 꺼낸다. 중간에 찜기의 물이 졸아들면 뜨거운 물을 한 차례 붓는다.

### 7 부재료를 조림국물째 찹쌀에 넣는다

6의 찹쌀을 볼에 옮기고, 4의 재료를 조림국물째 넣는다.

### 8 잘 섞는다

주걱으로 잘 섞는다. 이 시점에서는 질척거려도 괜찮다.

조림국물이 조금 짤 수 있지만 찐 찰밥엔 간이 딱 알맞습니다. 조림국물이 싱거우면 밥맛이 밍밍해지니 주의!

### 9 다시 쪄서 완성

빈 바트 또는 체에 거즈를 깔고 8을 조림국물째 넣어 전체적으로 펼친다. 주걱으로 증기가 잘 통하게 홈을 만들고 찜기에 넣어 다시 센 불에서 10분 찐다. 그릇에 담아 데친 파드득나물 줄기를 얹고 취향에 따라 검은 후추를 뿌린다.

밥솥으로 오목찰밥 만드는 법

**1 찹쌀을 물에 불리고 부재료를 준비**

찹쌀은 씻어서 물(분량 외)에 15분 불리고 체에 밭쳐 15분 둔다. 닭고기는 한입 크기로 썰고 당근과 삶은 죽순은 잘게 썬다. 생표고버섯은 밑동을 자르고 얇게 썬다. 우엉은 어슷하게 썰어 물에 씻고 물기를 뺀다.

**2 우엉 이외의 재료를 데친다**

냄비에 물을 끓이고 당근, 삶은 죽순, 생표고버섯, 닭고기를 체에 넣어 젓가락으로 풀면서 10초 정도 따뜻한 물에 담갔다가 물기를 뺀다.

우엉은 향이 날아갈 수 있어 물에 담그면 NG.

**3 밥솥에 넣는다**

밥솥의 내솥에 1의 찹쌀, 2의 부재료, 밥물을 넣는다.

**4 우엉을 섞고 밥을 짓는다**

3에 우엉을 얹어 가볍게 섞고 쾌속 모드로 밥을 짓는다. 다 지어지면 뚜껑을 열지 않고 10분 동안 뜸을 들인다.

쌀은 물에 불렸으니 쾌속 모드로!

**5 섞는다**

주걱으로 고루 섞는다. 그릇에 담고 완두콩을 뿌린다.

**Chef's voice**

밥솥에 찰밥을 그대로 넣어두면 잔열로 식감이 부드러워집니다. 바로 먹지 않을 때는 큰 바트에 옮겨 펼치고 남은 수분을 날려서 식힙니다. 찰밥은 식어도 맛있고 전자레인지에 데워도 맛있습니다.

## 우엉 어슷썰기

다키코미밥이나 조림요리에 쓰이는 어슷썰기를 배워보겠습니다.

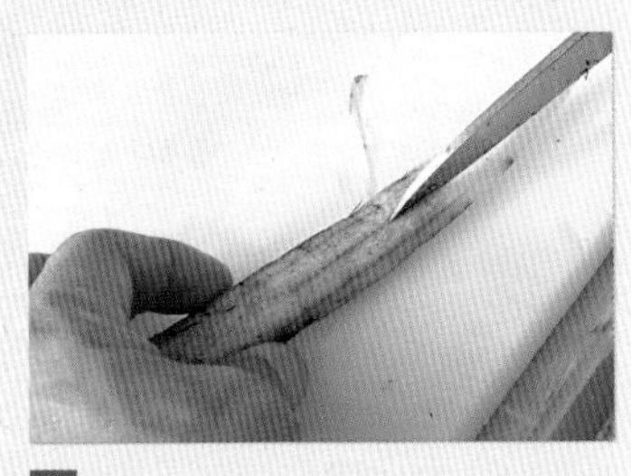

1 흙을 잘 털어낸 우엉의 표면에 세로로 칼집을 넣는다. 우엉을 돌려가면서 칼집을 한 바퀴 넣는다.

2 우엉의 끝부분을 도마에 대고 눕힌다. 칼날을 바깥쪽으로 하고 연필을 깎듯이 우엉을 돌리면서 잘게 잘라낸다.

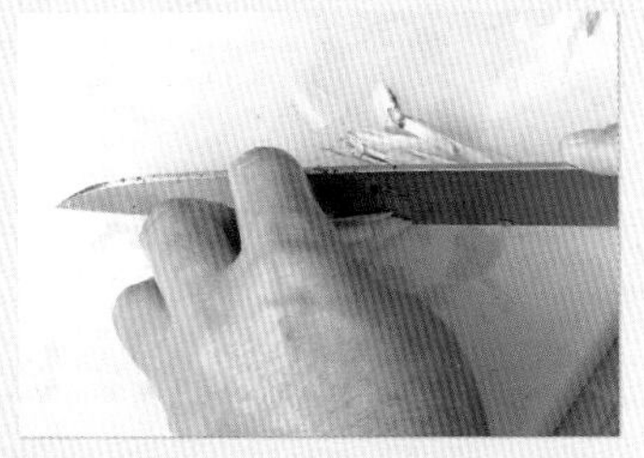

3 남은 조각이 작아서 잘라낼 수 없으면 세로로 눕혀 얇게 썰고 겹쳐서 다시 잘게 썬다. 하얗게 완성하고 싶다면 식촛물에 담근다.

# 지라시즈시

향신료를 섞기만 해도 한 단계 업그레이드되는 초밥

가정에서 초밥을 만들 때 몇 가지 오해가 있습니다. "밥을 고슬고슬하게 짓는다"는 말은 초밥집에서 파는 니기리즈시(손으로 뭉친 초밥)에 해당하는 이야기입니다. **초밥은 밥이 부드러워야 맛있지만** 뭉치기도 잡기도 어려워 고슬고슬하게 짓습니다. 하지만 지라시즈시(비빔초밥)는 젓가락으로 먹을 수 있어 일반 밥을 지을 때처럼 물을 잡으면 됩니다. "부채로 부치면서 초밥초를 섞는다"는 말도 있습니다. 옛날처럼 쌀 한 되분을 만든다면 그렇게 해야 하지만 2~3홉이라면 그럴 필요가 있을까요? 초밥통이나 볼에 옮기지 않아도 됩니다. 그냥 밥솥의 내솥에서 섞으세요. 오히려 밥이 따끈따끈해 초밥초가 잘 스며듭니다. 이런 점들을 알게 되면 초밥이 간단하게 느껴지고 만들어보고 싶은 기분이 들 겁니다. 옛 방식에 사로잡혀 쓸데없는 일에 시간 낭비하지 마세요.
초밥에 향신료를 섞은 '향신료 초밥'을 소개합니다. 향신료는 초밥초와 함께 섞습니다. **이렇게 하면 향신료의 향과 감칠맛이 초밥 전체에 스며들어 풍미가 가득 해진답니다.** 참치나 이쿠라(연어나 송어알을 소금물에 절인 것)를 얹어 접대용으로 만들었지만 어떤 재료를 올려도 한 단계 업그레이드된 초밥이 되겠지요?

**재료 (만들기 쉬운 분량)**

쌀 … 360㎖ (2홉)
물 … 360㎖

**초밥초** (만들기 쉬운 분량, 70㎖ 사용)
- 식초 … 180㎖
- 설탕 … 120g
- 소금 … 50g

**향신료**
- 생강 … 1쪽분
- 차조기잎 … 10장분
- 볶은 참깨 … 2큰술

참치의 붉은 살 … 100g

**소스** 2.5 : 1
- 간장 … 25㎖ → 2.5
- 맛술 … 10㎖ → 1

이쿠라 … 10g
새우 … 2마리
청주 … 10㎖
달걀지단 … 1장분
파드득나물 … 1단
구운 김 … 적당량

**준비**

- 생강과 차조기잎은 다진다.
- 달걀지단은 얇게 구워서 4㎝ 길이로 채 썬다.
- 새우는 칼로 잘게 두드린다. 작은 냄비에 새우와 청주를 넣고 중간 불에서 젓가락으로 풀면서 볶는다. 새우가 빨갛게 익고 청주가 날아가면 체에 얹어 물기를 뺀다.
- 파드득나물은 살짝 데쳐 3㎝ 길이로 썬다.

## 1 쌀을 물에 불리고 밥솥에서 짓는다

쌀은 씻어서 물(분량 외)에 15분 불리고 체에 밭쳐 15분 둔다. 밥솥에 쌀과 분량의 물을 넣고 쾌속 모드에서 짓는다.

쌀은 물에 불렸으니 쾌속 모드로!

## 2 초밥초를 만든다

볼에 초밥초 재료를 전부 넣고 거품기로 잘 섞어서 녹인다. 특히 소금이 잘 녹지 않으니 주의한다.

미리 만들어두면 편리! 자연스럽게 소금이 녹습니다.

## 3 밥에 초밥초를 뿌린다.

**1**이 완성되면 **2**를 70㎖ 두른다.

## 4 향신료를 섞는다

향신료를 전부 넣고 주걱으로 자르듯이 고루 섞는다.

오래 섞으면 식감이 나빠지니 주의하세요.

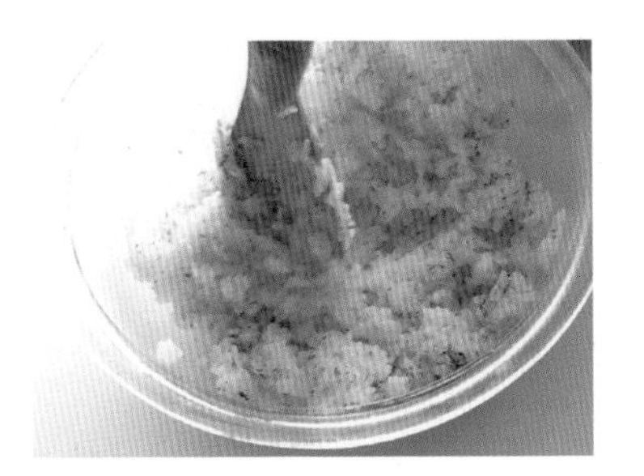

## 5 향신료 초밥의 수분을 날린다

볼에 **4**를 옮기고 주걱으로 펼쳐 남은 수분을 날린다. 행주를 덮어 마르지 않게 한다.

향신료의 녹색이 식초로 변색되는데 신경 쓰지 않아도 됩니다.

## 6 부재료를 준비한다

냄비에 맛술을 끓인다. 간장과 합쳐 식히고 소스를 만든다. 참치는 따뜻한 물에 살짝 담갔다가 물기를 빼고 한입 크기로 썬다. 소스에 10~15분 담그고 체에 건져 물기를 뺀다.

참치를 소스에 오래 담그면 풍미가 없어집니다. 길게 잡아 15분이면 충분!

## 7 그릇에 담는다

그릇에 **5**를 담고 **6**, 이쿠라, 달걀, 새우볶음을 예쁘게 얹은 후 김을 찢어서 뿌린다. 파드득나물도 뿌린다.

초밥은 밥이 조금 식었을 때가 가장 맛있습니다. 갓 만든 풍미는 가정에서만 느낄 수 있죠.

### Chef's voice

소개한 초밥초의 분량은 300g 정도이며 쌀 1되분, 즉 10홉분입니다. 1홉당 35*ml*, 약 2큰술을 사용하면 간이 딱 알맞습니다. 초밥초는 미리 만들어 둘 수 있습니다. 만들어두면 잘 녹지 않는 소금이 완전히 녹는 장점이 있습니다. 이것만 있으면 언제든 즉석 초밥을 만들 수 있습니다.

대합도 쓰유도 맛있는 맑은국

# 대합 우시오지루

우시오지루는 어패류를 물에 끓여 육수를 내고 건더기 재료로 사용하여 짠맛으로 먹는 국물요리입니다. 대합 등의 조개류나 도미 같은 담백한 흰살생선을 사용하여 고급스러운 감칠맛을 맛볼 수 있습니다. 국물요리이기 때문에 쓰유의 맛을 느끼는 동시에 **어패류 자체도 최고의 상태로 먹는 것을 권합니다.** 대합살은 너무 익으면 딱딱해지고 감칠맛도 쓰유에 다 녹아버리니 조리에 주의하세요. 그래서 물에 넣고 가열하여 **저온에서 서서히 온도를 높여가며** 대합살의 겉과 속이 거의 동시에 익도록 조리합니다. 대합의 감칠맛이 우선이기 때문입니다. 간은 소금과 청주로만 합니다. 간장 향은 굳이 필요 없습니다. 겨울에서 봄으로 넘어가는 시기에 대합이 맛있으니 꼭 만들어보세요.

**재료 (4인분)**

▣ 국물
- 물 … 500㎖
- 청주 … 10㎖
- 소금 … 2g
- 다시마 … 5 × 5㎝ × 1장

대합 … 250g
미역 … 20g
대파 … 4㎝ × 2개
땅두릅 … 5㎝
방풍나물 … 2개
검은 후추 … 적당량

**준비**

⊙ 미역은 불린 다음 큼직하게 썬다.
⊙ 대파로 시라가네기를 만들어둔다. 세로로 칼집을 넣어 벌리고 바깥쪽 흰 부분을 도마에 펼쳐 섬유질을 따라 세로로 잘게 썰어 물에 담근다.
⊙ 땅두릅은 사각형으로 썬다.

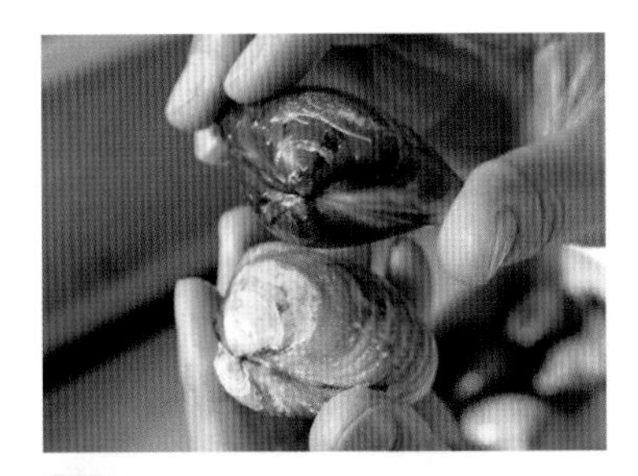

**1 대합의 상태를 확인한다**

대합끼리 가볍게 부딪쳐 소리에 생기가 없는 것은 뺀다. 생기 있는 고음이 나면 신선한 것이다.

대합이 죽으면 소리가 텅텅 비어 있어요!

**2 대합을 해감한다**

대합은 염도 1.5~2%의 소금물(분량 외: 물 1ℓ + 소금 15~20g)에 담그고 덮개를 덮어 어둡게 한 후 조용한 곳에 30분 정도 두어 해감한다.

**3 소금을 뺀다**

대합을 씻고 물에 2~3분 정도 담근다.

해감 후 소금기를 빼지 않는 사람들이 많은데, 국물이 짤 수 있습니다. 잊지 말고 소금기를 빼세요.

**4 물에 넣고 중간 불에 올린다**

냄비에 대합, 분량의 물, 다시마를 넣고 중간 불에 올려 한소끔 끓인다.

**5 불순물을 제거한다**

대합의 입이 열리면 위에 뜬 불순물을 말끔히 제거한다.

**6 다 끓인 후 대합을 건져낸다**

바로 불을 끄고 대합과 다시마는 건져낸다. 단, 계속 끓이지 않는다.

부재료는 특히 딱딱해지니 오래 익히면 NG.

**7 미역을 넣는다**

6에 미역을 넣고 데우면서 맛이 스며들게 한다.

**8 맛을 정리한다**

청주와 소금으로 간한다. 그릇에 대합과 미역을 담고 뜨거운 국물을 붓는다. 시라가네기, 방풍나물, 땅두릅을 곁들이고 취향에 따라 검은 후추를 뿌린다.

재료가 풍성하고 돼지 등지방의 감칠맛이 가득한

# 사와니완

사와니완은 건더기를 풍성하게 넣고 끓인 국물요리입니다. 그래서 그릇에 담을 때 건더기를 듬뿍 담는 것이 좋습니다. 뿌리채소와 버섯, 돼지 등지방을 함께 물에서 끓여 부드러운 감칠맛을 내고 간은 간장으로만 합니다. 20세기 초에 유행을 탄, 조금 서양적인 맛이 나는 일식입니다.

**재료 (만들기 쉬운 분량)**

▣ **국물**

- **물 … 400㎖**
- **우스구치간장 … 약 1큰술**

**우엉 … 20g**
**삶은 죽순 … 20g**
**땅두릅 … 20g**
**당근 … 10g**
**대파 … 10g**
**파드득나물 … 10g**
**생표고버섯 … 10g**
**돼지 등지방 … 20g**
**검은 후추 … 적당량**

**1** 우엉, 삶은 죽순, 당근은 4㎝ 길이로 채 썬다. 땅두릅과 대파도 4㎝ 길이로 잘게 썰고 파드득나물은 큼직하게 썬다. 생표고버섯은 밑동을 제거하고 두께를 절반으로 잘라 채 썬다.

**2** 돼지 등지방은 4㎝ 길이로 잘게 썰고 소금(분량 외)을 뿌려 15분 동안 재운다.

돼지 등지방에 소금을 뿌리지 않으면 끓였을 때 녹아버리니 주의!

**3** 냄비에 물을 끓이고 체에 우엉, 죽순, 당근, 생표고버섯을 넣어 젓가락으로 풀면서 20초 정도 담갔다가 건진다. 이어서 돼지 등지방도 체에 넣어 따뜻한 물에 담갔다가 물기를 뺀다.

**4** 다른 냄비에 **3**과 물을 넣어 중간 불에 올리고 우엉이 익을 때까지 끓인다. 우스구치간장으로 맛을 정돈하고 땅두릅과 대파를 넣어 한소끔 끓인다. 마무리로 파드득나물을 넣고 그릇에 담는다. 취향에 따라 검은 후추를 뿌린다.

# 우동과 소바, 쓰유의 농도가 다른 이유

우동 쓰유는 묽고 소바 쓰유는 진합니다. 저의 레시피에서도 우동 쓰유의 배합은 육수 20 : 간장 1 : 청주 0.5이고 소바는 육수 15 : 간장 1 : 맛술 0.5입니다. 우동 문화인 일본의 서쪽 지방은 간이 담백하고, 소바 문화인 동쪽 지방은 간이 진해서라고 하지만 꼭 그런 이유는 아닙니다. 우동 면에는 염분이 있고 소바 면에는 염분이 없습니다. 면과 쓰유를 생각하면 염분의 비율은 거의 같습니다. 육수 재료도 다릅니다. 우동에는 멸치 육수가 어울리지만, 소바에는 다시마와 가다랑어 등 감칠맛 있는 것이 좋아 1번째 육수를 씁니다. 부글부글 끓여서 우린 육수라면 더 좋습니다. 강한 간장에 어울리는 강한 감칠맛이 필요하기 때문입니다.

## 유부 대파 우동

**재료 (1인분)**

냉동 우동 … 1봉지
유부 … ½장
대파 … ¼개

**쓰유** 20:1:0.5
- 멸치 육수 (➡ p.11) … 300㎖ ➡ 20
- 우스구치간장 … 15㎖ ➡ 1
- 청주 … 8㎖ ➡ 0.5

**만드는 법**

1. 유부는 따뜻한 물에 담가 기름기를 빼고 물기를 제거한 후 절반으로 썬다. 파는 어슷하게 썬다.
2. 조금 큰 냄비에 쓰유 재료, 1, 냉동 우동을 넣어 센 불에 올린다. 끓으면 불을 줄이고 5분 정도 끓여 맛이 스며들게 한 후 그릇에 담는다.

## 파드득나물 미역 소바

**재료 (1인분)**

소바 (건면) … 1묶음
파드득나물 … 5개
미역 … 15g
파 … 5㎝ × 2개

**쓰유** 15:1:0.5
- 1번째 육수 (➡ p.11) … 300㎖ ➡ 15
- 우스구치간장 … 20㎖ ➡ 1
- 맛술 … 10㎖ ➡ 0.5

유자 껍질 … 적당량

**만드는 법**

1. 냄비에 물을 끓이고 소바를 삶는다. 체에 건져서 물기를 뺀다.
2. 파드득나물은 5개를 다발로 하여 묶고 불린 미역은 4㎝ 길이로 썬다. 파는 표면에 어슷하게 칼집을 넣는다.
3. 다른 냄비에 쓰유 재료와 파를 넣고 센 불에 올린다. 끓으면 불을 줄이고 1을 넣는다. 2분 정도 끓이고 미역을 넣는다. 끓으면 그릇에 담고 2의 파드득나물과 유자 껍질을 곁들인다.

# 완전판 레시피: 일식의 기본

1판 1쇄 발행 2020년 4월 27일
1판 2쇄 발행 2022년 5월 24일

지은이 노자키 히로미쓰
옮긴이 김경은
펴낸이 김기옥

실용본부장 박재성
편집 실용2팀 이나리, 장윤선
영업 김선주
커뮤니케이션 플래너 서지운
지원 고광현, 김형식, 임민진

디자인 제이알컴
인쇄 민언프린텍

펴낸곳 한스미디어(한즈미디어(주))
주소 121-839 서울시 마포구 양화로 11길 13(서교동, 강원빌딩 5층)
전화 02-707-0337 | 팩스 02-707-0198 | 홈페이지 www.hansmedia.com
출판신고번호 제 313-2003-227호 | 신고일자 2003년 6월 25일

ISBN 979-11-6007-482-6 13590

책값은 뒤표지에 있습니다.
잘못 만들어진 책은 구입하신 서점에서 교환해드립니다.